늘 아침이 걱정인 엄마를 위한
365일 모닝 수프

Staff for the Original Japanese Edition

Design **Yusuke Saito(blue vespa)**
Photography **Kaoru Ariga, Nao Kagawa**
Illustration **Kaoru Ariga**
Editor **Rikako Tanoue**

늘 아침이 걱정인 엄마를 위한

365일 모닝수프

아리가 가오루 지음 | 박유미 옮김

라의눈

우리 가족은 365일, 꼭 아침을 먹습니다.

수프로 아침을 더 즐겁게, 최대한 맛있게!

Mon	Tue	Wed	Thu
		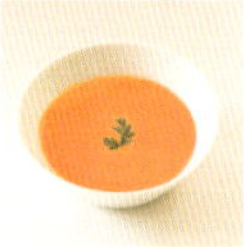	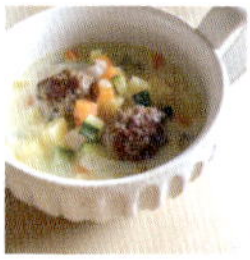
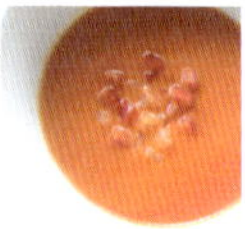	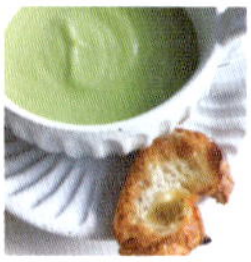	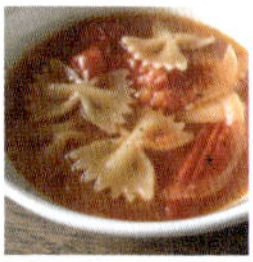	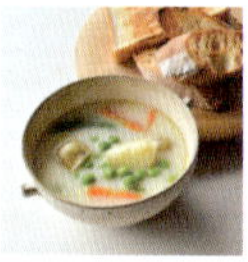
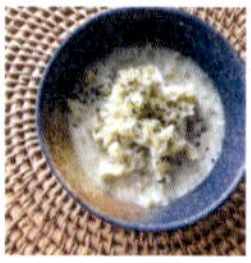	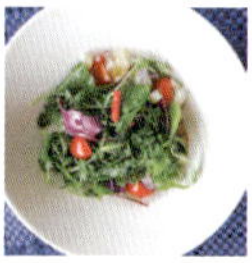	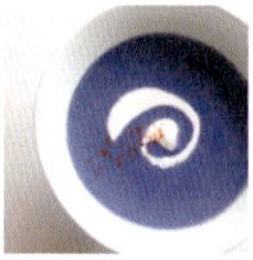	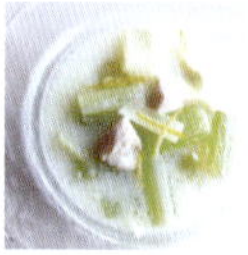
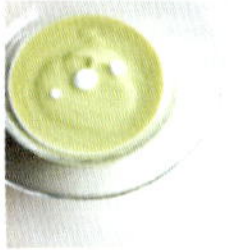	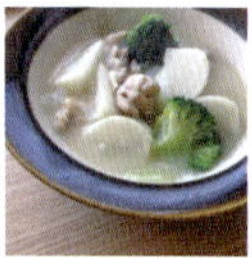	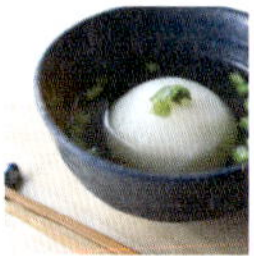	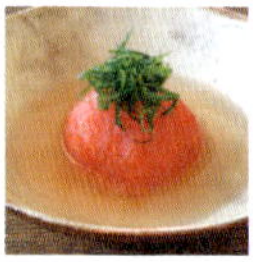
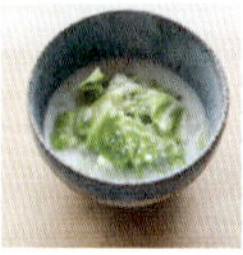	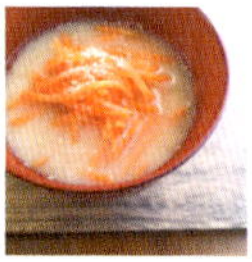	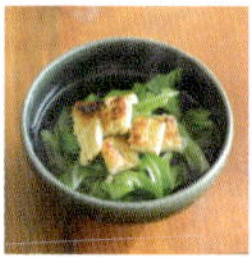	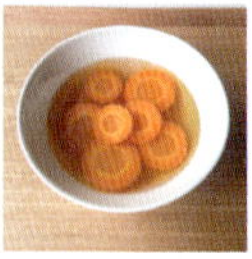

월요일부터 일요일까지 먹을 수 있어요.

수프는 만들기가 정말 간단하니까요!

아침마다 늦잠 자는 가족을 깨우기 위해
생각해낸 것이 수프였어요.
매일 아침 눈을 번쩍 뜨게 할 수프를
만들기로 한 거죠.

평소보다 조금만 일찍 일어나면 돼요.
수프에서 모락모락 올라오는 따뜻한 김과
저절로 눈을 뜨게 하는 아름다운 수프의 빛깔.
다채로운 빛깔의 수프가 있는 식탁 위에 빵을 살짝 곁들이면
하루가 순조롭게 움직이기 시작합니다.

아침 식사로 먹는 수프는,
천천히, 그리고 느긋하게
몸과 마음을 깨웁니다.

짧은 시간 × 적은 재료 × 간단한 요리법

이렇게 쉽게 만들어도 맛있으니 수프란 참 신기하죠?

저는 요리 전문가가 아니라서 요리에 쓸 수 있는 시간과 재료, 기술에 한계가 있어요.

하지만 평소와 달리 식재료를 자르는 방법만 살짝 바꾸어도

완전히 색다른 요리를 만들 수 있답니다.

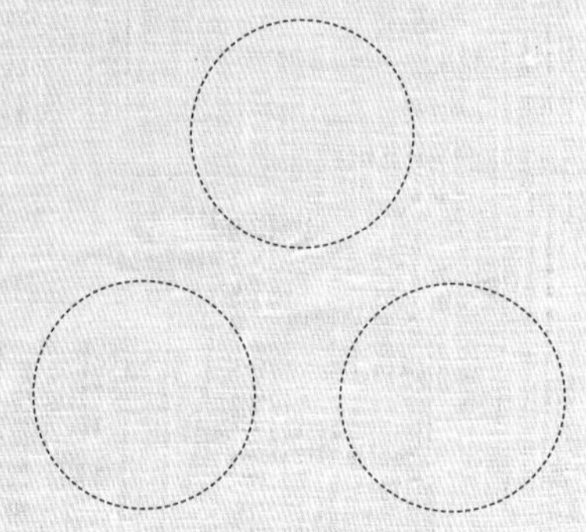

매일 아침 수프를 만드는

새롭고 다양한 방법을 찾아볼까요?

같은 당근인데 서로 다른 3가지 수프가 된 이유가 뭘까요?

바쁜 평일에는 센스 있게,
그리고 스피디하게

생각을 조금만 달리 해보면 시간에 쫓기는 평일 아침에도

느긋하게 식사할 방법을 찾을 수 있어요.

평일에 재빠르게 만들 수 있는 수프,

휴일에 느긋하게 쉬면서 만들어 먹는 수프.

라이프스타일에 따라 선택하면 됩니다.

중요한 것은 나와 가족에게 잘 맞는가 하는 것입니다.

아침밥이든, 아침 수프든 그 안에서 찾으면 되지요.

Weekday

화창한 휴일에는
느긋하고 푸짐하게

풍요로운 아침 식사를 즐길 수 있는

아이디어가 가득!

매일 아침, 잠에서 깨어나기

아침에 좀처럼 눈을 뜨지 못하는 가족, 특히 잠이 많은 아이를 위해 매일 아침 수프를 만들기 시작한 지 이제 4년이 조금 지났습니다. 지금까지 우리 가족의 식탁에 오른 수프의 종류만 해도 약 1,500가지가 넘지요.

"어떻게 새로운 수프를 계속 만들어낼 수 있는 거죠?"라며 놀라는 사람도 있습니다. 그 질문에 답하기 위해 이 책에 여러 가지 아이디어를 듬뿍 담아 놓았으니, 독자 여러분도 꼭 시도해보았으면 합니다. 분명히 재미있는 경험이 될 거예요. 두 가지 또는 세 가지 수프를 조합하면 엄청나게 많은 종류의 수프를 만들 수 있답니다.

"매일 아침 수프를 만들려면 힘들지 않나요?"라는 질문을 받은 적이 있습니다. 아침에 일어나 보니 냉장고가 텅텅 비어 있다거나, 장 볼 시간이 없어서 아침부터 저녁까지 줄곧 양배추만 먹었다거나, 냄비를 태워버린 날도 분명히 있었죠. 하지만 매번 그 나름대로 어떤 수프든 만들게 되더군요.

"와, 수프의 색이 굉장히 화려해요!"라는 이야기도 자주 듣습니다. 비결은 제철 채소를 사용하는 것입니다. 신선한 제철 채소는 자신의 색을 분명하게 드러내잖아요. 채소의 그런 점을 잘 살리면 자연스럽게 컬러풀한 수프가 만들어지죠.

수프를 만들기 시작하면서 매일 아침 작은 풍경이 마음 한 귀퉁이에 추억이 되어 쌓이고 있습니다. 햇당근의 싱싱한 잎과 예쁜 오렌지색, 가족이 먹을 포타주potage가 담긴 큰 냄비, 시골에서 갓 올라와 진흙이 그대로 묻어 있는 죽순, 허브에 들러붙어 있는 무당벌레, 수프 접시에 비친 아침 햇살 같은 것들로 이루어진 풍경이죠. 제가 아침 수프를 만들기 시작한 지 2주 만에 아들도 일찍 일어나게 되었답니다. 매일 아침 어떤 수프일까 기대하면서 눈을 뜨는 거죠. 특히 남편은 콘소메consommé를 좋아하고 아들은 크림 수프를 아주 좋아합니다.

아침 수프를 시작하면서 새로운 맛을 발견하고, 계절의 빛깔과 향취를 느끼면서 제 마음도 들여다볼 수 있었습니다. 이 즐거움을 독자 여러분과 함께 나눌 수 있기를 바랍니다.

아리가 가오루 有賀薫

1장 천천히 조금씩 행복해지는 아침

2장 세상에서 단 하나뿐인 엄마의 수프

알아두세요

- 큰술은 15㎖, 작은술은 5㎖, 1컵은 200㎖
- 상세한 종류가 지정되지 않은 재료는 다음과 같이 사용한다.

  소금 … 왕소금

  후추 … 흑후추 또는 백후추 중 기호에 따라 사용. 마무리에는 흑후추를, 흰색 요리나 생선요리에는 백후추를 사용하는 것이 좋다.

  간장 … 진한 간장

  부이용(bouillon) … 닭 부이용(134p)

  맛국물 … 다시마, 가다랑어포(135p)

  레몬 … 껍질에 왁스코팅을 하지 않아, 껍질까지 먹을 수 있는 것

- 냄비 – 끓이고, 찌고, 밥을 짓고, 굽는 각 요리의 용도에 적합한 냄비(133p)를 사용한다.
- 전자레인지 – 600W용을 사용한다.
- 건더기나 국물을 혼합하고 부드럽게 분쇄하는 용도로 핸드블렌더를 사용하는데, 이를 대신해서 믹서를 사용해도 된다. 일반적으로 건더기가 뜨거우면 식힌 후에 믹서나 핸드블렌더를 사용하는 것이 좋다. 뜨거운 건더기를 기구를 이용해 옮기고 열이 식도록 휘저은 다음, 다시 냄비에 담아서 갈아준다.
- 채소를 씻거나, 씨나 껍질을 제거하거나, 달걀을 깨거나 하는 기본 과정은 설명을 생략한 경우도 있다.

천천히 조금씩
행복해지는 아침

맛있는 채소를 생각하면 아침이 기다려진다
뚝딱 만드는 간단 수프

먼저 제철 채소의 영양분을 그대로 흡수할 수 있는 수프부터 만들어보자.

요리의 주제는 채소의 감칠맛을 살린 '간단한 아침 수프 만들기'다.

일단 간단하게 시작해보자. 여기의 두 가지 수프는 다른 듯 보이지만

사실 만드는 방법은 같다. 아침에 일어나서 냉장고에 있는 채소와 작은 냄비만

준비하면 15분 만에 수프를 뚝딱 만들어낼 수 있다. 조미료는 최대한 줄이고,

꼭 필요할 때만 사용한다.

양배추 수프

토마토 수프

'토마토 수프' 만드는 법에서 토마토 대신 양배춧잎 3 장으로 바꾸면 된다. 양배춧잎을 큼직하게 잘라서 같 은 방법으로 만들면 양배추 수프가 완성된다. 단 양 배추를 냄비에 넣을 때는 물 2큰술을 넣는다. 마무리 할 때 식초를 떨어뜨려 포인트를 준다.

양파의 감칠맛을 기본으로 해서 토마토와 소금만 넣 어 맛을 살린 기본 수프다. '양배추 수프'처럼 토마토 를 다른 채소로 바꾸거나, 양파의 양을 줄이고 마늘 을 넣어도 된다.

재료(2인분)

미니토마토 10개(150g)
양파 ¼개
올리브유 1큰술
소금 적당량

만드는 법

1 미니토마토는 꼭지를 따서 반으로 자르고,
양파는 얇게 썰어둔다.

2 양파와 올리브유를 냄비에 넣고 강한
불에서 1분간 볶는다. 토마토, 소금 ½
작은술을 넣고 뚜껑을 덮은 후 약한 중
불에서 3분간 둔다.

3 물 300㎖를 붓고 끓으면 소금으로 맛을
조절한다.

토마토, 버섯, 파……
감칠맛 나는 채소로 수프 맛 업그레이드!

맛국물을 사용하지 않고 감칠맛을 충분히 낼 수 있는 간단한 방법이 있다.

토마토, 버섯, 파(양파, 대파), 이 세 가지 채소 중 하나를 이용하는 것이다.

맛국물 대신 이 채소들을 이용하면 감칠맛이 더해져 수프의 맛이 제대로 우러난다.

특히 브로콜리와 감자는 소금으로만 간을 맞추면 뭔가 아쉬운 느낌이 드는데,

이때 토마토나 버섯 또는 파를 넣어 보자.

그러면 '그래, 이제 수프 맛이 제대로 나네'라는 생각이 들 것이다.

맛국물을 대신해 줄 고마운 채소들이다.

브로콜리 토마토 수프

재료(2인분)

브로콜리 ½개(약 200g)

토마토 2개(약 250g)

베이컨 20g

올리브유 2큰술

소금 적당량

만드는 법

1. 브로콜리는 작은 송이를 떼어 반으로 자르고, 줄기도 같은 크기로 자른다. 토마토는 큼직하게 자르고, 베이컨은 잘게 썰어둔다.

2. 토마토, 베이컨, 소금 ½작은술, 올리브유를 냄비에 넣고 중불에서 2~3분간 볶는다. 토마토가 흐물흐물해지면 브로콜리를 넣고 섞은 다음 물 200㎖를 붓고 뚜껑을 덮어 20~30분간 푹 끓인다. 중간에 뚜껑을 열어 물이 줄어들었는지 확인하고 줄었으면 보충한다.

3. 브로콜리가 완전히 흐물흐물해지면 물 50㎖를 붓는다. 기호에 따라 물을 조금 더 넣어서 농도를 맞춘다. 소금으로 간을 조절한다.

매일 수프를 만들기 시작하면서 알게 된 것이 있다.

채소를 볶거나 물을 붓고 끓이면 채소 특유의 냄새와 매운맛,

신맛이 누그러진다는 사실이다.

나는 인스턴트 맛국물이나 고기, 생선, 유제품을 굳이 피하지는 않는다.

채소의 감칠맛이 충분히 우러나와 있는 상태에서 심플한 맛을 내려면

앞에서 소개한 두 가지 수프처럼 베이컨이나 우유를 살짝 넣으면 아주 효과적이다.

깔끔하게 정돈된 방에서는 꽃 한 송이도 눈에 잘 띄는 것과 비슷한 원리다.

메인 채소 + 감칠맛 나는 채소

감자 버섯 수프

재료(2인분)
버섯(기호에 맞는 재료를 합쳐서) 150g
감자(큰 것) 1개
우유 50㎖
버터 15g
소금, 후추 각 적당량

만드는 법
1 버섯은 밑동을 잘라내고 먹기 좋은 크기로 손으로 찢거나 자른다. 감자는 반으로 나눈 다음 7mm 두께로 썬다.
2 버터, 버섯, 감자, 소금 ½작은술을 냄비에 넣고 강한 불에 올려서, 물 2큰술을 넣고 1분 정도 가열한다. 전체를 섞은 뒤 뚜껑을 덮고 약한 중불에서 8분 정도 푹 삶는다.
3 감자가 익어서 부드러워지면 물 250㎖와 우유를 붓는다. 부글부글 끓으면 소금으로 간을 하고, 후추를 뿌린다.

다양한 기본 수프

채소를 3종류 이상 사용하면 다채로운 식감을 맛볼 수 있다. 여기에 기름의 종류,
육수를 바꾸거나 말린 채소를 넣으면 다양한 맛의 수프를 무한히 만들 수 있다.

참기름 대파 토란 수프

참기름에 대파를 넣고 살짝 태우듯 볶아 풍미를
낸 수프. 맛을 내기 위해 간장을 조금 넣으면 감
칠맛이 더욱 풍부해진다.

당근 호박 수프

먼저 냄비에 양파와 약간의 물을 넣고 끓인다.
물이 줄어들어 양파 냄새가 날아간 후에 당근과
호박을 넣는 것이 요령이다.

기름의 종류를 바꾼 경우

기름을 사용하지 않은 경우

유채향 가득한 파란 콩 수프

강낭콩, 완두, 줄기콩, 누에콩 등 봄의 향기가 가
득한 파란색 콩으로 만드는 수프는 유채기름을
이용하면 산뜻한 맛이 난다.

여름 채소 수프

컬러피망, 주키니 호박 등 여러 종류의 여름 채
소를 사용해서 만든 수프. 채소의 종류가 늘어
나도 만드는 방법은 같다.

건버섯 무 수프

말린 표고버섯이나 목이버섯의 감칠맛을 살린 채식 수프. 말린 표고버섯에서는 감칠맛이 진하게 우러나온다. 참기름을 더하면 좋다.

돼지고기 피망 수프

잘게 썬 피망이 사각사각 씹히는 수프. 다진 고기를 조금 넣으면 피망 맛이 더욱 돋보인다. 녹말로 걸쭉하게 만들어서 먹기 편하다.

말린 채소를 이용한 경우

육류나 어류를 살짝 넣은 경우

렌틸콩 우엉 수프

물에 담가서 불리지 않아도 되는 렌틸콩은 아침 수프 재료로 그만이다. 궁합이 잘 맞는 우엉을 넣어 몸에 좋은 콩을 최대한 이용해보자.

뿌리채소 마른 멸치 수프

얇게 썬 토란과 연근에 마른멸치를 넣는다. 마른멸치는 국물을 낸 뒤 버리지 말고, 건더기로 함께 이용한다. 유자 껍질을 띄우면 상쾌한 느낌이 든다.

★ 수프 레시피는 136~137p에서 소개한다.

프라이팬으로 만드는
미네스트로네 1인분

집에 남아 있는 채소를 다 집어넣어 푸짐하게 만들면 인기 만점의
미네스트로네*minestrone*가 완성된다. 보통 수프를 끓이면 큰 냄비에
가득 찰 정도로 만드는 경우가 많은데, 남기면 아깝다.
먹을 수 있는 만큼만 만드는 것이 좋지 않을까.

프라이팬 미네스트로네

재료(2인분)

A
- 양파 ¼개
- 마늘 1쪽
- 당근 5cm
- 셀러리 4cm
- 양송이 1개
- 순무 1개
- 토마토 1개

아스파라거스 3개
올리브유 2큰술
소금, 겨자 적당량

만드는 법

1 A의 요리재료들은 큰 것을 반으로 잘라서 모두 얇게 썬다. 아스파라거스는 윗부분과 줄기를 잘라서 나눈 다음, 줄기를 얇게 어슷썰기한다.

2 프라이팬에 양파, 마늘, 당근, 셀러리, 올리브유를 넣고 불에 올려서 부드러워질 때까지 볶는다. 이어서 양송이, 순무, 물 1큰술을 넣고 뚜껑을 덮어서 푹 삶는다. 여기에 토마토, 아스파라거스를 넣고 다시 뚜껑을 덮어서 삶는다.

3 모든 요리재료가 부드러워지면 물을 자작하게 붓고 소금 ⅓작은술을 넣는다. 부글부글 끓으면 소금으로 간을 맞춘다. 불을 끄고 겨자를 뿌려 먹는다.

무언가 먹고 싶어지는 아침, 혼자서 한 번에 먹어치울 수 있는 양의
미네스트로네를 만들어보자.
요리 도구는 달걀 프라이나 오믈렛을 만들 수 있는 지름 20cm 크기의
프라이팬 하나만 있으면 된다. 채소는 어떤 것이든 다 좋지만, 프라이팬이
작기 때문에 양배추처럼 부피가 큰 잎채소는 너무 많이 넣지 않도록 주의한다.
'1인분'이기 때문에 홀가분한 마음으로 식사를 마치고 프라이팬만 씻으면 설거지도
깔끔하게 끝난다. 만든 요리를 깨끗하게 먹어 치우는 기분, 그 점이 가장 매력적이다.

참깨, 후추, 우유를 넣은 된장국!
오늘 아침, 작은 모험을 시도해보자

집에서 된장국을 만들다 보면 늘 비슷한 맛이라 무난하게 먹을 수 있지만

'매일 똑같은 맛이잖아' 라고 느낄 때가 있다.

오늘 아침에는 항상 먹던 스타일의 된장국에 작은 모험을 시도해보는 건 어떨까?

맛국물이나 된장은 평소대로 넣되, 여기에 참깻가루를 넣으면 깊은 감칠맛이 나고,

후추를 뿌리면 맛이 강해진다. 우유를 넣으면 된장의 짠맛을 중화시켜서

맛이 부드러워지므로 밥은 물론 아침 식사로 빵을 먹는 경우에도 잘 어울리는

된장국이 된다. 조금만 다르게 생각해보면 요리에 큰 변화를

일으킬 수 있다는 사실을 발견하게 된다.

연근 참깨 된장국

재료(2인분)

연근 1개(약 150g)
참깻가루 2큰술
된장 1½큰술
맛국물 350㎖
대파 적당량

만드는 법

1 연근은 둥글게 썰어 물에 씻은 뒤 소쿠리에 밭쳐 물기를 뺀다.
2 맛국물을 냄비에 넣고 중불에 올린다. 부글부글 끓으면 연근을 넣고 2~3분 더 끓인다.
3 된장을 풀어 넣고 불을 끈 다음 참깻가루를 뿌린다. 기호에 따라 대파를 잘게 썰어서 얹는다.

우엉 소고기 된장국

재료(2인분)

우엉 ½개
소고기 50g
된장 1½큰술
샐러드유 2작은술
맛국물 350㎖
후추 적당량

만드는 법

1 우엉은 어슷썰기를 해서 물에 씻은 후 소쿠리에 밭쳐 물기를 뺀다.
2 냄비에 샐러드유를 두르고 뜨거워지면 소고기를 넣고 가볍게 볶다가 우엉도 넣어 함께 볶는다.
3 맛국물을 붓고 3~4분 끓인 다음 된장을 풀어 넣는다. 그릇에 담아 후추를 뿌린다.

순무 우유 된장국

재료(2인분)

순무 3개
백된장 2큰술
우유 2큰술
다시마 5cm 정방형

만드는 법

1 순무는 줄기를 조금 남기고 잎을 잘라낸 다음, 껍질이 붙어 있는 채로 6~8등분한다.
2 다시마, 순무, 물 400㎖를 냄비에 넣고 중불에 올린다. 거품이 일면 다시마를 건져내고 거품을 걷어낸 다음 약한 중불에서 7~8분 끓인다.
3 순무가 부드러워지면 백된장을 풀어 넣고 우유를 넣어 살짝 끓인다.

시금치 감자 수프

재료(2인분)

시금치 150g
감자 1개
양파 ½개
마늘 1쪽
올리브유 50㎖
소금, 후추 각 적당량

만드는 법

1 시금치는 뿌리 쪽을 물에 담가서 잘 씻
   고, 줄기를 반으로 가른다. 감자는 반으
   로 잘라서 1cm 두께로 썬다. 양파는 얇
   게 썰고 마늘은 으깬다.

2 1의 모든 재료와 물 300㎖, 소금 1작은
   술을 냄비에 넣고 올리브유를 두른 후
   뚜껑을 덮어 중불에 올린다. 3분이 지
   나면 뚜껑을 열고 모든 재료를 섞은 다
   음, 다시 뚜껑을 덮고 약한 불에 올려
   20분간 끓인다. 도중에 뚜껑을 열어 물
   이 줄었는지 확인하고 줄었으면 보충
   한다.

3 소금으로 간하고 후추를 뿌린다.

흐물흐물 시금치의 반전 매력

냄비 뚜껑을 열면 뽀얗게 피어오르는 김에서 한마디로 표현하기 어려운

맛있는 냄새가 난다. 그런데 막상 냄비 속을 들여다보면 살짝 실망하게 된다.

시금치가 죄다 칙칙한 색깔에 흐물흐물해진 상태로 늘어져 있기 때문이다.

이 수프는 눈으로는 결코 맛있을 것 같지 않지만, 일단 맛을 보면

놀랍게도 시금치의 은은한 단맛이 난다. 게다가 국물은 푹 익은 감자와 양파가

뒤섞여서 걸쭉하고 진하다. 한 번 맛보면 중독될 수밖에 없는 그런 맛이다.

다진 재료가 입안에서 톡톡!

아들이 어렸을 때 가지를 싫어하기에, 이유를 물었더니 "물컹물컹해서 싫어"라고 했다.

싫어하는 이유가 어쩌면 그렇게 아빠랑 똑같을까?

사실 나도 어린 시절에는 같은 이유로 가지를 잘 먹지 않았다.

그런데 지금은 잘게 썬 가지에 미트소스를 얹어 먹기도 한다.

아침 수프를 만들기 시작하면서 그 일이 문득 생각나 '잘게 다진 수프'를 만들어보았다.

물컹한 느낌을 없애기 위해 가지를 잘게 다져서 수프를 만드는 것이다.

수프를 먹다 보면 다진 재료들이 혓바닥을 간질이는 느낌이 든다.

다진 가지 수프

재료(2인분)

가지 2개
양파 ¼개
마늘 1쪽
부이용(134p) 250㎖
우유 50㎖
올리브유 2큰술
소금, 바질 가루 각 적당량

만드는 법

1 양파와 가지는 잘게 다진다. 이때 가지
   는 껍질을 벗긴다. 마늘은 으깬다.
2 냄비에 올리브유를 두르고 뜨거워지면
   양파와 마늘을 볶는다. 향이 나기 시작
   하면 가지와 소금 ½작은술을 넣고 가
   지가 부드러워질 때까지 볶는다. 부이
   용을 넣고 뚜껑을 덮은 다음 3분 정도
   푹 삶는다.
3 우유를 넣고 살짝 끓인다. 소금으로 간
   하고 바질가루를 뿌린다.

잘게 다진 가지를 부드러운 크림 수프에 넣기만 하면 된다.

수프를 듬뿍 머금은 가지들이 혀 위를 살살 굴러다니며 기분 좋게 넘어가서,

가지의 존재감이 평소와 달리 신선하게 느껴진다.

본래 재료들을 으깨서 만드는 것이 가스파초gazpacho인데, 우리 집에서는

재료를 잘게 다져서 만들기도 한다. 가스파초는 포타주potage와 같은

스페인 요리다. 오이나 셀러리, 피망을 으깨지 않고 잘게 다지면

식감을 즐길 수 있어 샐러드를 먹고 있는 듯 상쾌한 맛을 느낄 수 있다.

더운 여름에 추천하고 싶은 요리법이다.

다진 가스파초

재료(2인분)

A
토마토 1개
오이 1개
셀러리 5cm
피망 1개

양파 ¼개
토마토 주스 200㎖
올리브유 1큰술
소금 적당량

만드는 법

1 A는 모두 잘게 다져서 볼에 넣고, 소금을 큰 한꼬집 분량을 넣고 한 번 섞는다.

2 양파를 잘게 다져서 소금을 살짝 뿌린 후, 수분이 표면에 올라오면 행주로 싸서 흐르는 물에 씻은 후 짠다. 이렇게 하면 양파의 매운맛이 제거된다.

3 1의 볼에 2의 양파를 넣고 토마토 주스를 붓는다. 맛이 조금 부족하다 싶으면 소금을 조금 넣고 냉장고에서 차게 식힌다. 그릇에 담아 올리브유를 뿌린다.

깨무는 순간
잠이 달아나는 콩 수프

완두 조림 수프

재료(2인분)

콩깍지가 붙어 있는 완두 500g(알맹이 200g)
맛국물 400㎖
녹말 1작은술
소금 ½작은술

만드는 법

1 완두는 콩깍지를 벗겨낸다.
2 맛국물, 소금을 냄비에 넣고 1의 콩을 넣어 중
   불에 올린다. 부글부글 끓으면 약한 중불에서
   끓인다. 녹말가루는 물 1작은술에 풀어둔다.
3 냄비의 콩이 끓으면 한 알을 꺼내서 자르거나
   먹어보아서 익었는지 확인한다. 녹말물을 넣
   고 섞는다.

'완두는 딱딱하게 삶는 것이 좋을까, 아니면 부드럽게 삶는 것이 좋을까?'

이런 질문을 받은 적이 있다. 가끔 식당에서 엄청나게 부드러운 완두가

나오는 것을 볼 수 있는데, 깜빡하고 너무 오래 삶아서 부드러운가, 생각했지만

부드러운 콩을 만들기 위해 일부러 오랜 시간을 들여 삶은 것이라고 한다.

콩의 씹는 맛을 정말 좋아하는 나는 콩을 주재료로 한 수프를 만들 때

조금 딱딱하게 삶는 편이다. 씹는 맛이 좋은 콩을 오도독오도독 깨물다 보면
머릿속이 텅 비면서 다 먹을 때쯤에는 기분이 후련해지기 때문이다.
하지만 이런 기분은 나 혼자만 느끼는 것 같아 평소에는 그냥
딱딱한 콩을 좋아한다고만 말하고 있다. 제철 콩을 살짝 끓여서 만든
수프가 더할 나위 없는 아침의 성찬이라는 것은 누구나 느끼는 사실일 것이다.

엄마도 엄마가 생각나는 소울 수프

어렸을 때 자주 먹었던 음식이 문득 그리워질 때가 있다.

나의 소울푸드는 어릴 적 어머니가 만들어준 단고지루(団子汁. 일본식 수제비—옮긴이)다.

부드러운 밀가루 반죽을 손가락으로 펴서 국물에 똑똑

떨어뜨려 끓인, 건더기가 푸짐하고 소박한 향토 요리다. 어머니가 반죽하면

나는 그저 신이 나서 수제비를 뜨고 싶은 마음에 부엌을 기웃대곤 했다.

단고지루는 된장 또는 간장으로 맛을 냈다. 지금도 가끔 단고지루를 만들어 먹는다.

도시에서 나고 자란 내가 어머니의 고향 음식을 만드는 것이 이상하게 느껴질 수도

있지만, 소울푸드는 출신 지역보다 가정의 부엌에서 뿌리를 내려 이어져

오는 것이 아닐까 생각한다. 그런 의미에서 식재료로 들어가는 뿌리채소는

자신과 세상을 이어주는 뿌리 같은 것이기도 하다.

아침 일찍 눈뜬 어느 휴일에 느긋하게 만들어보면 좋을 요리다.

단고지루

재료(만들기 쉬운 분량)

반죽
박력분 1컵(150g)
소금 큰 한꼬집
국물
닭 넓적다리살 200g
뿌리채소(우엉, 당근, 무, 연근 등) 500g
버섯(기호에 맞는 종류) 50g
대파 ½개
배춧잎 2장
샐러드유 2작은술
된장 80g
시치미토가라시(고추를 재료로 한 일식 향신료.
고춧가루로 대체 가능—옮긴이) 적당량

만드는 법

1 반죽을 만든다. 박력분에 소금을 넣고 물 80㎖를 조금씩 넣어가며 귓불처럼 말랑해질 때까지 잘 치댄다. 너무 되면 물을 더 붓는다. 반죽 표면이 매끈해지면 엄지손가락 크기로 떼어내 둥글게 만들어 트레이에 올려놓는다. 젖은 행주로 덮고 20~30분 휴지시킨다.

2 국물을 만든다. 닭 넓적다리살, 뿌리채소, 버섯, 대파, 배춧잎은 먹기 좋은 크기로 자른다.

3 냄비에 샐러드유를 두르고 뜨거워지면 닭고기, 뿌리채소, 버섯을 순서대로 넣으면서 볶는다. 모든 재료가 부드럽게 익으면 물 1,200㎖를 넣고 거품을 제거하면서 20분 정도 끓인다.

4 1의 반죽을 손가락으로 얇게 펴서 넣고, 대파와 배추도 넣어 7~8분간 끓인다. 반죽이 떠오르면 된장을 풀어 넣는다. 기호에 따라 시치미토가라시를 뿌린다.

수프와 밥, 함께 먹으면 왜 안 돼?

있는 재료로 간단하게 만든 냉국 그리고 밥에 토마토 수프를 끼얹고
달걀 프라이를 얹은 것. 이 두 가지 모두 여름 아침에 먹기 좋은
술술 넘어가는 요리다. 말하자면 후루룩 말아 먹는 요리인데
어딘가에 숨어서 후다닥 먹어치워야 할 것 같은 이름이라서 나는 따로
'수프 밥'이라는 이름을 붙여 보았다. 밥이 보이지 않을 만큼 국물을 듬뿍
끼얹어도 되고, 흰 밥이 국물에 살짝 가라앉을 정도로만 부어도 상관없다.
먹는 사람이 밥과 수프의 미묘한 균형을 결정할 수 있어서 좋다.

가지 양하 된장국

재료(2인분)

가지 1개
양하(생강과 식물) 1개
된장 1½큰술
가다랑어포 5g
참깻가루 2작은술
밥, 푸른 차조기 각 적당량

만드는 법

1   가지와 양하는 얇게 썬다. 가지는 소금물(분
량 외 물 1,000㎖에 소금 1작은술이 기준)에 씻어
서, 부드러워지면 소쿠리에 올려놓고 키친
타올로 물기를 확실하게 없앤다.

2   가다랑어포, 참깻가루를 된장에 넣고 갠 다
음, 물 400㎖를 넣고 섞는다. 간이 부족하다
싶으면 된장(분량 외)을 조금 더 넣는다. 가지
와 양하를 넣고 냉장고에서 차게 식힌다.

3   밥을 그릇에 담아 2를 끼얹고, 차조기를 손
으로 찢어서 올린다.

새빨간 토마토를 끼얹은
반숙 달걀프라이 수프 밥

재료(2인분)

토마토(또는 방울토마토) 300g
달걀 2개
올리브유 1큰술
소금, 후추, 밥 각 적당량

만드는 법

1   토마토는 꼭지를 떼어내고 4등분으로 자른다. 올리브유, 토마토, 소
    금 1작은술을 냄비에 넣고 불에 올린다. 부글부글 끓어오르면 묽은
    수프 상태가 될 때까지 조금씩 물을 넣으며 끓인다. 토마토가 완전
    히 익어서 흐물흐물해지면 소금으로 간하고, 후추를 뿌린다.

2   프라이팬에 기름(분량 외)을 두르고 뜨거워지면 달걀을 1개씩 반숙 프
    라이한다.

3   그릇에 밥을 담아 1을 끼얹고 2의 달걀을 얹는다. 후추를 뿌린다.

얹어도, 풀어도 맛있는
아침 단골 메뉴, 달걀 수프

모습을 바꾸어가면서 압도적인 존재감을 발휘하는 달걀. 수프에서도 활약이 대단하다.

먼저 달걀을 풀어 넣은 달걀 수프를 만들어보자. 금방 만든 수프는 뜨거운 김을 내면서

맛국물 냄새로 코를 간질인다. 연한 달걀색을 보고 있노라면 귀여워서 저절로

미소가 피어난다. 아침을 행복하게 만들어주는 달걀 수프다.

녹말과 올챙이 국자를 사용하면 멋진 달걀 수프를 쉽게 만들 수 있다.

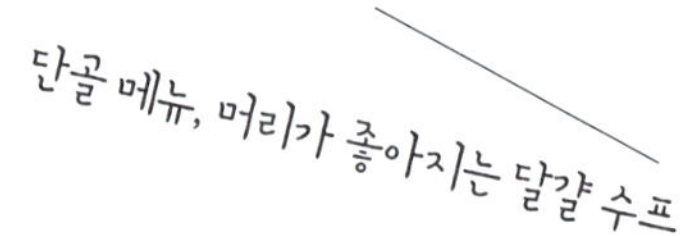

기본 달걀 수프

재료(2인분)

달걀 1개
맛국물 400㎖
녹말 1작은술
소금 ½작은술

만드는 법

1 맛국물에 소금을 넣고 불 위에 올린다.
   달걀은 깨서 볼에 넣고 젓가락으로 풀
   어준다. 물 1작은술에 녹말을 푼다.
2 냄비 속을 올챙이 국자로 휘저으면서
   녹말물을 붓는다. 그대로 계속 섞으면
   서 1의 푼 달걀을 천천히 가늘게 떨어
   뜨린다. 잠시 두었다가 불을 끈다.

여러 가지 달걀 수프

A 맛국물을 넣은 냄비에 미역을 넣어 가볍게 끓여서, 마지막에 실파를 뿌린 뒤 참기름을 떨어뜨려 향을 낸다. / **미역 달걀 수프**

B 맛국물을 넣은 냄비에 토마토를 넣어 끓인 다음, 다시 달걀을 넣어 토마토의 신맛을 부드럽게 만든다. / **토마토 달걀 수프**

C 으깬 마늘과 잘게 썬 대파를 볶은 다음 부이용을 붓고 청경채, 송이버섯을 넣는다. / **청경채 송이버섯 달걀 수프**

D 일본식 맛국물에 햄을 넣어 끓인 수프. 냄비에 함께 넣은 감자에도 맛이 스며드는데, 달걀이 이 모든 재료를 조화롭게 모아주는 역할을 한다. / **감자와 햄 달걀 수프**

E 양상추는 나중에 넣어 아삭아삭한 식감을 살린다. / **양상추 달걀 수프**

스푼으로 건드리면
터지는 노른자의 묘미!

다음은 햄버그스테이크, 소고기덮밥, 머핀, 샐러드 등 모든 음식에 얹어 놓으면
요리의 맛을 살리는 포치드 에그, 수란을 만들어보자. 채소 수프나
그라탱 수프에 얹으면 사치스러운 기분을 만끽할 수 있고, 건더기가 많은
김치 수프에 넣으면 매운맛을 누그러뜨리게 하는 등 수프에 다양하게
맛의 변화를 준다. 수란은 어떤 타이밍에 노른자를 깨뜨릴까
잠시 고민해보는 소소한 재미도 준다. 노른자를 소중하게 보호하려다가 스푼이나
젓가락으로 살짝 건드리는 바람에 노른자가 깨져서 흘러내리면, 그 순간에
후회와 쾌감이 동시에 교차한다. 이것이 수란이 가진 큰 매력이다.

수란을 넣은 김치 수프

재료(2인분)

무 4cm
당근 4cm
콩나물 ½봉지
부추 ⅓단
김치 80g
달걀 2개
부이용 1작은술
고춧가루(단맛) 1작은술
참기름 1큰술
소금, 식초 각 적당량

만드는 법

1　무, 당근은 4cm 길이로 썰고 부추도 4cm 길이로 가지런히 자른다.
2　냄비에 참기름을 두르고 뜨거워지면 무, 당근을 넣고 볶은 다음 물 400㎖, 부이용을 넣는다. 끓으면 콩나물, 부추, 김치, 고춧가루를 차례대로 넣고 소금으로 간한다.
3　달걀은 작은 그릇에 1개씩 깨트려 놓는다. 다른 작은 냄비에 물을 끓여 식초를 조금 넣고 젓가락으로 한 방향으로 저어 소용돌이를 만든다. 그 속으로 달걀이 미끄러져 들어가게 한다. 퍼진 흰자를 젓가락으로 모으면서 2분 정도 끓인 다음, 조심스레 꺼낸다.
4　2를 그릇에 담고 3을 얹는다.

만드는 방법을 여러 가지로 시험해보았는데, 냄비에 끓인 식초 물에

소용돌이를 만들어 그 속으로 미끄러져 들어가게 하는 방법이 가장 실패 확률이 낮다.

다만 꺼낼 때는 세심한 주의를 기울여야 한다. 철망으로 된 거품 건지개를

사용하면 편하다. 더 간단하게 만들고 싶다면 완성된 수프에 달걀을 직접 깨 넣는다.

이렇게 하면 달걀흰자가 자연스럽게 재료를 덮어서, 근사한 맛을 낸다.

전자레인지로 간단하게
크레이프와 달걀찜 수프 만들기

평소에 음식을 데우는 용도 이외에 전자레인지를 거의 사용하지 않지만(사실은

사용법을 잘 모른다), 조금 엉긴 달걀 요리를 전자레인지로 시험해봤더니

정말 쉬웠다. 먼저, 달걀이 많이 들어간 크레이프(밀가루에 우유·달걀을 넣어

얇게 구운 빵—옮긴이)를 잘게 썰어 넣은 수프를 살펴보자. 원래 독일과 오스트리아에서

먹는 이 수프는 크레이프에 부이용이 적당히 스며들어 씹을수록 맛이 나고

포만감도 있어서 아침 식사로 적당하다. 나는 육수를 데우는 동안 전자레인지를

이용해서 크레이프를 만든다. 접시에 랩을 팽팽하게 씌우고 반죽을 스푼으로

얇게 펴서 전자레인지에 넣고 1분 30초 정도 돌리면 된다.

완성된 모양이 깔끔해서 불을 사용하는 것보다 훨씬 마음에 든다.

크레이프 수프

재료(2인분)

달걀 1개
부이용(134p) 300㎖
박력분 3큰술
소금 큰 한꼬집
후추, 파슬리 적당량

만드는 법

1 냄비에 부이용을 넣어 불 위에 올린 다음, 소금을 조금 넣고 데운다.

2 달걀을 풀어 소금을 큰 한꼬집 넣고 섞는다. 물 60㎖를 붓고, 박력분을 넣으면서 섞는다. 이것의 반을 랩을 팽팽하게 씌운 납작한 접시에 둥글고 고르게 펴서, 전자레인지에 1분 20∼30초간 가열한다. 한 장 더 같은 모양으로 만들고 크레이프가 모두 식으면 가늘게 썰어둔다.

3 1을 그릇에 붓고 2를 담는다. 기호에 따라 후추를 뿌리고, 파슬리를 잘게 썰어서 뿌린다.

또 한 가지는 달걀찜 수프. 쉽게 말하면 달걀찜을 묽게 만든다고 생각하면 된다.
중간에 휘저어서 고르게 익히기 때문에 달걀찜보다 표면이 고르거나
단단하지는 않다. 이렇게 하면 촉촉하고 부드러운 식감을 느낄 수 있는
맛있는 수프가 금세 만들어진다.
바쁜 아침에도 이런 달걀 수프를 먹으면 치유를 받는다는 느낌이 든다.

달걀찜 수프

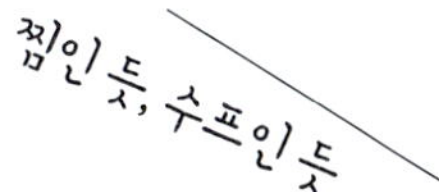

재료(2인분)

달걀 2개
부이용(134p) 300㎖
소금 큰 한꼬집
실파 적당량

만드는 법

1 달걀을 풀어서 부이용에 넣어 섞는다.
   소금을 넣고 섞어서 내열 그릇에 담는
   다.
2 1의 그릇에 랩을 살짝 씌우고, 전자레
   인지에 넣어 5〜6분간 돌린다(도중에
   모양을 보면서 섞는다). 기호에 따라 실파
   를 잘게 썰어 뿌려준다.

훌훌 마셔도 든든한 차부시

차부시茶節는 된장에 가다랑어포를 넣고 뜨거운 물이나 녹차를 섞어 마시는
된장차다. 사쓰마薩摩 지방의 향토 음식으로, 가다랑어포 산지인
마쿠라자키枕崎 시의 가다랑어포 가게에서 배운 방식이다.
더 담백한 맛국물을 만들고 싶어서 된장을 소금으로 바꾸어 넣었다.
감칠맛도 좋고 몸을 덥히는 편안한 맛이다. 현지에서는
차부시를 에너지 드링크처럼 피로할 때 마시는데, 아침에 마시면 몸은 물론
마음까지 에너지가 흘러넘친다고 한다. 된장에 녹차를 부으면 맛이 어떻게 변할까?
가다랑어의 감칠맛이 녹차의 상쾌함과 어우러져 맛이 좋다.

소금 차부시

재료(만들기 쉬운 분량)

가다랑어포 5g
뜨거운 물(또는 뜨거운 녹차) 150㎖
소금 큰 한꼬집

만드는 법

1 가다랑어포, 소금을 그릇에 넣고
 뜨거운 물을 붓는다.

채소에서 이런 맛이?
데굴데굴 채소 수프

감자 하나를 통째로 수프에 넣으면 큰 돌멩이가 들어간 느낌이다.

그런데 4등분하거나 6등분 또는 8등분하여 작게 자르면 감자가

'데굴데굴' 굴러다니는 것 같다. 적당한 크기로 손질한 채소는 수프 속에서

'데굴데굴' 굴러다닌다. 묵직한 호박, 무, 연근 등도 마찬가지.

이렇게 재료가 데굴데굴 굴러다니는 수프는 양념에 힘을 주지 말고, 물에 삶아서

소금으로 간하거나 재료의 맛이 잘 우러나도록 담백하게 만드는 편이 좋다.

감자와 양배추를 넣은
구운 소시지 수프

재료(2~3인분)

감자 2개
양배추 잎 2매
양파 ¼개
소시지 4개
샐러드유 1작은술
부이용(134p) 500㎖
소금, 겨자 적당량

만드는 법

1 감자는 4등분한다. 양배추 잎, 양파는
   큼직하게 썰어둔다.
2 냄비에 샐러드유를 두르고 뜨거워지면
   소시지를 볶는다. 양파도 넣고 볶는다.
3 감자, 양배추, 소금 ½작은술을 넣고,
   부이용을 붓고 중불에 20분 정도 끓인
   다. 소금으로 간하고, 겨자를 곁들인다.

등갈비와 둥근 무 수프

재료(2인분)

등갈비 300g
무 10cm
소금, 후추 각 적당량
대파의 파란 부분,
실파 각 적당량

만드는 법

1 무는 껍질을 벗겨, 길게 반으로 자른 후 4등분한
   다. 등갈비는 소금 1작은술로 문지른 다음 잠시
   두었다가, 뜨거운 물을 끼얹어준다.

2 무와 등갈비를 냄비에 나란히 넣고 잠길 듯 말
   듯하게 물을 부은 다음, 소금 큰 한꼬집을 넣고
   중불에 올린다. 대파의 파란 부분을 넣는다.

3 부글부글 끓어오르면 거품을 제거하고, 약한 불
   에서 1~2시간 끓인다. 소금으로 맛을 조절하고
   후추를 뿌린다. 그릇에 담아 기호에 따라 실파를
   먹기 좋은 크기로 잘라 장식한다.

추운 날 아침의 큰 행복,
그라탱 수프

양파 그라탱 수프를 먹는다고 생각하면 아침에 눈을 뜨는 것이 행복하다.

행복은 먼저 귀에서 시작된다. 오븐 밖으로 막 꺼낸 용기에서 보글보글,

자글자글 소리가 들려와 잠에서 덜 깬 몸과 식욕을 기분 좋게 자극한다.

하지만 이 정도는 서곡에 불과하다.

다음으로 행복해지는 것은 코와 눈이다. 뜨겁게 끓인 수프에 얼굴을 가까이 가져가면

은은한 마늘향이 코를 자극한다. 맛깔스러운 색을 띤 바게트 가장자리에

끈적하게 녹아든 치즈가 넘쳐흘러 투명한 황색 양파를 휘감고 있다.

보기만 해도 군침이 도는 흐뭇한 풍경이다.

양파 그라탱 수프

재료(4인분)

양파 3개
마늘 1쪽
올리브유 3큰술
소금, 후추, 바게트,
치즈(녹는 타입) 각 적당량

만드는 법

1 양파는 얇게 썰어서 냄비에 넣고, 올리브유를
　두르고 강불에 올려놓는다.
2 양파가 투명해지면 불을 약하게 조절하고, 수분
　이 빠져나가면 다시 불을 강하게 한다.
3 투명한 황금색이 될 때까지 20~30분간 양파를
　천천히 볶는다. 소금 1작은술을 넣고 물 600㎖
　를 조금씩 넣으면서, 맛을 보고 기호에 따라 물
　양을 조절한다. 소금으로 간하고, 후추를 뿌린
　다. 내열 용기에 담는다.
4 바게트를 얇게 썰어 넣고, 반으로 자른 마늘 한
　쪽을 매끈하게 손질해 3에 얹는다. 치즈도 얹어
　서 200도의 오븐에 넣어 10~15분간 치즈가 녹
　을 때까지 굽는다.

수프가 충분히 스며든 바게트를 한 스푼 떠올리면 달콤한 양파향이 가득 퍼진다.

'혀를 데이지 않게 조심해야지'라며 수프를 연신 후후 불어 식혀보지만,

참지 못하고 입에 넣어 뜨거움에 깜짝 놀라기도 한다. 이 뜨거움에 수프를

제대로 맛보기도 전에 잠에서 완전히 깬다.

귀로 시작해 코와 눈까지 행복해진 뒤 맛은 덤으로 주어지는 것.

스푼으로 뜰 때마다 달콤한 양파와 치즈, 빵의 양이 조금씩 달라서

입안에서 느껴지는 맛도 달라지니 마지막 한 스푼을 뜰 때까지 질리지 않는다.

우울한 기분을 달래준다!
아침잠을 깨우는 달콤한 한 그릇

기분이 가라앉은 날의 아침에는 달콤한 아침 식사가 좋다.

연구에 따르면 달콤한 맛이 우울한 기분을 달래주는 데 효과가 있다고 한다.

감주甘酒는 추운 겨울을 떠올리게 하는 이미지가 있지만,

본래는 차게 해서 마시는 여름철 자양 음료였다. 술찌끼로 만든 감주와

누룩으로 만든 감주가 있는데, 누룩으로 만든 것은 무알코올이므로

술에 약한 사람이나 아이들도 안심하고 마실 수 있다.

귤이나 유자 등 감귤류를 넣으면 신맛이 더해져 상큼한 음료가 된다.

귤 감주

재료(1인분)
누룩으로 만든 감주 100g
귤 1개

만드는 법
1 귤은 겉껍질과 흰 속껍질까지 벗겨 알
   맹이만 남긴다.
2 누룩으로 만든 감주와 물 200㎖를 냄비
   에 넣고 불 위에 올려 살짝 끓인다. 귤
   알맹이도 넣어서 섞는다. 열이 식으면
   냉장고에 넣어 숙성시킨다.

냉장고에 보관하여 아침에 차가운 상태로 마시면 정신이 번쩍 들고,

데워서 마시면 몸이 따뜻해진다.

아침에 먹는 팥죽도 달콤한 수프라고 생각하고, 좀 더 다양한 방법으로

만들어보자. 몸에 좋은 검은깨를 토핑하거나 건살구,

건포도 등의 말린 과일을 곁들이면 좋다. 떡이 없으면 달지 않은

시리얼을 섞어 먹어도 든든한 아침 식사로 그만.

달콤한 수프는 하루를 밝고 활기차게 시작하는 데 도움이 된다.

검정깨 단팥죽

재료(2인분)

삶은 팥(통조림) 1통(200g)

검정깨가루 2큰술

떡 2개

소금 적당량

흑설탕 적당량

만드는 법

1 삶은 팥을 냄비에 넣고 물 200㎖를 넣어 살짝 끓인 후, 검은깨가루를 넣는다. 소금을 아주 조금만 넣는다.

2 떡을 구워서 그릇에 나눠 담고 1을 얹는다. 기호에 따라 검정깨가루(분량 외)를 뿌리고, 흑설탕을 잘게 갈아서 얹는다.

불 조절은 부드러운 미소처럼!

큰 웃음, 억지웃음이나 쓴웃음이 아니라 항상 온화하
게 미소를 짓고 있는 이의 주변에는 사람들이 모여들
면서 좋은 분위기를 이룬다. 사실 나도 그다지 '미소를
짓고 있는' 편은 아니어서 그런 사람들이 조금 부럽다.
프랑스 요리 용어 중 '미조테mijoter'가 있다. 이는 화력
의 세기를 나타내는 말로, '조용히 미소를 짓는' 것처럼
'약한 불로 천천히 끓이는 것'을 뜻한다.
가끔 거품이 불쑥 올라올 정도로 부드러운 미소 같은
화력의 세기를 마스터하면 따뜻하고 맛있는 수프 같은
사람들을 사귈 수 있지 않을까? 그런 생각을 하면서
불에 올려놓은 냄비 수프를 젓고 있다.

세상에서 단 하나뿐인
엄마의 수프

아침부터 따끈따끈, 제철 채소가 가득!
언제라도 먹고 싶은 크림 수프

부드럽고 순한 맛이 매력적인 크림 수프는 수프가 담긴 그릇을 사랑스럽게

꼭 껴안은 채로 먹고 싶을 정도로 맛있다. 게다가 크림 수프를 먹고 나면

어쩐지 몸에서 힘이 마구 넘쳐흐르는 것 같다. 크림 수프는 찬바람이 부는 늦가을이나

겨울에 먹는 수프라 생각하기 쉽지만, 계절에 따라 식재료만 바꾸면

일 년 내내 먹을 수 있다. 우선 기본적인 식재료로 만드는 레시피를 기억해두자.

손이 많이 가는 화이트소스를 사용하지 말고, 재료를 볶으면서 박력분을

체에 쳐서 넣으면 번거롭지 않게 맛있는 크림 수프를 만들 수 있다.

닭고기와 순무, 브로콜리 크림 수프

고기, 뿌리채소,
잎채소를 1종류씩 사용한.
정통 크림 수프

재료(2인분)

닭 넓적다리살 200g

양파 ½개

순무 2개

브로콜리 ⅛개(약 50g)

샐러드유 1큰술

박력분 1큰술

소금, 후추 각 적당량

만드는 법

1　양파를 1cm 정방형으로 자른다. 순무는 줄기를 조금 남기고 잎을 잘라내고 껍질이 붙은 채로 6~8등분한다. 브로콜리는 작은 송이 단위로 떼어둔다. 닭고기는 먹기 쉬운 크기로 잘라서, 소금 ½작은술을 넣어서 문지른다.

2　냄비에 샐러드유를 두르고 뜨거워지면 닭 넓적다리살을 넣어 색깔이 연하게 날 정도로 볶은 다음, 양파가 투명해질 때까지 볶는다. 박력분을 체쳐 넣고 약불로 가루가 없어질 때까지 볶는다.

3　물 400㎖, 순무를 넣고 가끔 저어주면서 7분간 끓인 다음, 브로콜리도 넣어서 다시 3분간 끓인다. 물을 조금씩 넣어 기호에 맞게 농도를 맞춘다. 소금으로 맛을 조절하고 후추를 뿌린다.

여름에는 레몬, 겨울에는 마늘~ 계절에 따라 재료를 조금씩 바꾸면 색다른 풍미를 느낄 수 있다!

정통 크림 수프를 마스터하면, 재료에 구애받지 않고

다양한 제철 채소를 이용할 수 있다.

제철 채소는 뭐든지 좋다. 봄에는 묵직한 느낌의 양배추나

완두, 여름에는 신선한 토마토나 주키니, 가을에는 부드러운 토란이나 우엉,

겨울에는 단맛이 나는 배추나 콜리플라워가 제철 채소에 해당한다.

다양한 채소로 조금씩 색다른 크림 수프를 시도해보자.

봄이나 여름에는 박력분을 조금 적게 넣어서 부드러운 밀크수프처럼 만들면

먹기 좋다. 우유의 양을 줄이고, 마지막에 레몬즙을 뿌리면 담백한 맛이 난다.

셀러리와 레몬, 닭가슴살 크림 수프

재료(2인분)

닭가슴살 1개
셀러리 줄기 1개(약 150g)
대파 10cm
올리브유 1큰술
박력분 2작은술
우유 2큰술
레몬 ½개
소금, 후추 적당량

만드는 법

1 셀러리, 대파는 2cm 남짓한 길이로 썰고, 닭가슴살은 한입 크기로 자른다. 레몬은 1작은술 정도 즙을 짜두고 껍질은 잘게 썬다.(약 10개)

2 냄비에 올리브유를 두르고 뜨거워지면 셀러리, 대파를 볶는다. 여기에 닭가슴살을 넣고 박력분을 체쳐서 약한 불에서 가루가 없어질 때까지 볶는다. 물 400㎖, 소금 ½작은술을 넣고 저으면서 8분간 끓인다. 우유를 넣고 소금으로 맛 간하고 후추를 뿌린다. 레몬즙을 넣고, 잘게 썬 레몬 껍질을 뿌린다.

가을이나 겨울이 되면 걸쭉한 크림 수프가 반갑다.

마늘을 넣어 향을 강조하면 정통 스타일로 만들어도 신선하게 느껴지고,

느끼한 맛도 줄일 수 있다. 감자와 베이컨이라는 지극히 흔한 조합이라도

평소와는 다른 풍부한 풍미의 수프가 완성된다.

몇 번 시도해보면 마음에 드는 크림 수프를 발견하게 될 것이다.

재료(2인분)

감자 2개
양파 ½개
마늘 1조각
베이컨 60g
버터 15g
박력분 2큰술
우유 150㎖
소금, 후추 각 적당량

만드는 법

1 양파는 얇게 썰고, 감자는 적당한 크기
   로 자른다. 마늘을 으깨고 베이컨은
   1.5cm 길쭉한 모양으로 자른다.

2 냄비에 버터, 양파, 마늘, 베이컨을 넣
   고 중불에 올려둔다. 눌러 붙지 않도록
   볶아서 양파가 부드러워지면 박력분을
   체쳐넣고 약불에서 가루가 없어질 때
   까지 볶는다.

3 물 300㎖, 소금 ⅓작은술, 감자를 넣고
   끓인다. 감자가 부드러워지면 우유를
   넣어 조금 더 끓인다. 소금으로 간하고
   후추를 뿌린다.

베이컨과 감자
크림 수프

걸쭉하게, 부드럽게, 재료는 마음대로! 사계절 크림 수프

제철 채소를 부드럽게 끓여서 푸짐하게 먹을 수 있다면 얼마나 좋을까.
자유롭게 만들어본 크림 수프를 몇 가지 소개한다.

양배추, 치즈로 감칠맛을 낸 크림 수프

봄의 싱싱한 양배추로 부드러운 크림 수프를 만들어 보았다. 치즈가루를 이용하여 감칠맛을 낸, 풍미가 풍부한 크림 수프다.

토마토와 구운 베이컨으로 만든, 토마토 크림 수프

토마토 크림 수프에, 아삭아삭한 베이컨을 토핑했다. 베이컨의 진한 기름과 토마토의 신맛이 잘 어울린다.

봄

여름

봄채소로 신선하게 만든 크림 수프

햇감자, 크림 수프, 당근으로 봄 채소를 구색에 맞춰 채워 넣은, 봄기운을 가득 담은 수프다.

주키니를 넣어 푸짐하게! 돼지고기 주키니 크림 수프

향이 약한 주키니를 작게 잘라서 여러 가지 채소와 함께 혼합한 수프. 돼지고기를 넣으면 여름철 무더위로 지친 몸을 기운차게 만들어준다.

토란, 대파, 베이컨을 넣은 밀크 수프

따뜻하고 맛있는 토란을 궁합이 잘 맞는 대파와 함께 만든 밀크 수프다. 토란의 매끈한 식감을 느낄 수 있다.

배추와 표고버섯을 넣은 중화풍의 크림 수프

배추와 표고버섯, 참기름으로 중화풍의 크림 수프를 만들었다. 박력분을 넣지 않고, 녹말물을 풀어 넣는 간단한 방법으로 만들었다.

가을

겨울

닭 우엉 크림 수프

크림 수프와 우엉은 의외로 맛있는 조합이다. 크림 수프에는 금지된 흑후추를 과감히 사용했다.

콜리플라워와 두유를 넣은 수프

콜리플라워와 두유의 부드러운 맛에, 포인트로 구운 파를 살짝 넣었다. 개성이 엿보이는, 건강에 좋은 수프다.

★수프 레시피는 137~138p에서 소개한다.

채소를 통째로 넣은,
특제 홈메이드 수프

채소를 통째로 넣어 만든 수프는 특별한 맛이 있다. 맛국물이 스며들어
포동포동해진 채소는 씹을 때마다 수프의 맛이 우러나온다.
따라서 이때는 물보다 맛있는 맛국물을 사용하는 게 좋다.
순무를 통째로 넣은 수프를 만들 경우, 다시마 맛국물을 기본으로 하여
토마토와 순무의 껍질, 꼭지도 함께 넣어 만든다.
토마토나 순무의 껍질에 맛국물의 감칠맛이 깊이 스민다.

순무를 통째로 넣은 수프

재료(2인분)

순무 2개
토마토 ½개
다시마 5~6cm 정방형
소금, 청유자 껍질 각 적당량

만드는 법

1 순무는 잎과 줄기를 제거하고 껍질을
   벗긴다. 장식용으로 사용할 줄기 3개를
   따로 떼어둔다.
2 냄비에 순무, 순무의 껍질과 꼭지, 다시
   마, 토마토(잘린 면을 위쪽으로), 소금 ½
   작은술을 넣고 물을 잠길 듯 말듯하게
   부은 뒤 중불에 올린다. 끓어오르면 다
   시마를 꺼내고, 약한 불에서 뚜껑을 덮
   고 20분 정도 끓인다.
3 순무가 부드러워지면 순무의 껍질과
   꼭지, 토마토를 살짝 빼내고, 소금으로
   간한다. 순무의 줄기를 잘라서 냄비에
   넣고 불을 꺼서 남은 열로 익힌다. 청
   유자 껍질을 작게 잘라서 얹는다.

토마토를 주재료로 할 때는 닭을 넣어 만든 부이용으로 끓인다.

수프에 토마토를 넣어서 함께 먹으면 맛있다. 전날 만들어두면,

아침 식사가 기다려질 정도로 맛있는 수프다. 불을 끈 다음 식히는 동안

그리고 식은 후에도 맛국물이 차츰 토마토 깊숙이 스민다.

먹기 전에 한 번 데운다. 흔한 채소로도 존재감 있는 수프가 만들어져,

손님용으로 내놓기에도 적당하다.

토마토를 통째로 넣은 수프

재료(2인분)

토마토 2개
부이용(134p) 400㎖
소금 ½작은술
묽은 간장 적당량
푸른 차조기 적당량

만드는 법

1 토마토는 칼로 꼭지를 제거한다. 꼭지
가 제거된 쪽을 밑으로 해서 냄비에 넣
고 부이용을 붓는다.

2 소금을 넣고 오븐시트 등으로 덮어 중
불에 올려놓는다. 끓어오르면 약불에서
5분간 더 끓인 다음 불을 끈다. 토마토
껍질을 벗기고 그대로 식힌다.

3 다시 불에 올려 데운 다음 묽은 간장으
로 간한다. 토마토를 그릇에 조심스럽
게 옮기고 수프를 붓는다. 기호에 따라
푸른 차조기를 잘게 찢어서 올린다.

채소를 푸짐하게 쌓아올린,
신선한 샐러드 수프

신선한 채소를 볼이 터질 정도로 실컷 먹고 싶다는 생각이 드는 아침이 있다.

그럴 때는 샐러드 같은 수프를 만들어보자.

수프의 국물을 드레싱이라고 생각하면, 상큼하게 신맛이 나는 양념이 좋을 것 같다.

평소에는 드레싱을 샐러드 위에 끼얹어 먹지만, 이 수프는 드레싱에

생채소를 얹어놓는다는 역발상에서 시작했다.

따뜻한 수프에 생채소를 푸짐하게 쌓아놓고 섞으면서 먹으면 새로운 맛을

느낄 수 있다. 수프가 식으면 정말 샐러드 같아진다. 생채소로도 수프를 만들 수 있고,

뜨겁지도 차갑지도 않은 수프를 만들 수도 있다.

편견을 버리면 채소의 색다른 맛을 즐길 수 있다.

생채소 샐러드 수프

재료(2인분)

감자 작은 것 1개
셀러리 5cm
양파 ¼개
미니토마토 6개
파프리카(빨강) ⅛개
잎 샐러드(양상추, 물냉이, 어린잎 채소 등
기호에 따라) 100g
부이용(134p) 250㎖
식초 2작은술
소금 ½작은술
올리브유 적당량

만드는 법

1 감자, 셀러리, 양파는 약 7mm 정방형으로 자른다. 미니토마토는 꼭지를 따서 4등분, 파프리카는 잘게 썬다. 잎 샐러드는 씻어서 물기를 뺀다.

2 냄비에 부이용을 넣고 중불에 올린다. 감자, 셀러리, 양파를 넣어 3분간 끓인 후 소금, 식초를 넣는다.

3 2를 그릇에 붓고, 잎 샐러드, 미니토마토, 파프리카를 얹는다. 기호에 따라 올리브유를 뿌린다.

우유와 버터 없이 콘포타주를 만들자!

최근에는 달콤한 품종의 옥수수가 늘어나서, 삶기만 하면 달콤한 즙이

톡톡 터지는 옥수수를 맛볼 수 있다. 따라서 생크림, 버터 같은 것들을

넣지 않아도 충분히 맛있는 수프를 만들 수 있다.

그런데 콘포타주의 레시피는 옥수수가 지금보다 단맛이 덜하고

담백한 음식이었던 예전과 비교해서 그다지 변하지 않은 것 같다.

그래서 시험 삼아 만들어보았다. 옥수수, 소금, 올리브유 단 세 가지 재료와

크루통 만으로 심플한 콘포타주가 완성된다. 여러분도 꼭 만들어서 맛을 보았으면 한다.

옥수수 알맹이가 입안에서 톡톡 터지는 느낌과 크림처럼 부드러운 포타주의 식감,

두 가지를 모두 즐길 수 있는 더블 포타주다.

옥수수, 소금, 올리브유로만 맛을 냈다. 옥수수를 마음껏 먹고 싶다는
생각으로 만들기 시작했다.

더블 콘포타주

재료(2인분)

옥수수 2개
올리브유 1큰술
소금, 크루통 각 적당량

※크루통 만들기 : 깍둑썰기
한 바게트를 프라이팬에 바싹
볶아서, 바게트의 반 정도 높
이만큼 기름을 부어 튀긴다.

만드는 법

1 옥수수는 껍질을 벗겨내고, 알갱이는 칼로 도려내듯이 떼어낸다. 심지는 반
   으로 자른다.(자를 수 없으면 그대로 써도 된다)

2 냄비에 올리브유를 두르고 뜨거워지면 옥수수 알갱이를 넣고 눋지 않도록
   볶는다. 냄새가 나기 시작하면 옥수수 심, 물 400㎖, 소금 ½작은술을 넣고
   줄어든 만큼의 물을 보충하면서 15~20분간 끓이고 심지는 건진다.

3 2에서 옥수수 알갱이의 ⅓을 꺼내 냄비에 넣고 핸드블렌더로 간다. 이것을
   다시 냄비에 담아 물을 조금씩 부어 기호에 맞게 농도를 맞추고 소금으로
   간한다.

4 그릇에 담아 크루통을 띄운다.

떡국, 설날에만 먹어야 해?

떡국은 설날에 먹는 음식이라는 인식이 강하지만,

평범한 날에도 먹기 좋은 음식이다.

기존 조리법으로 만들어 먹던 떡국은 잊어버리고 수프와 떡을

좀 더 자유롭게 조합해서 만들어보자.

예를 들면 고기를 넣은 콘소메 수프, 건더기가 많은 미네스트로네,

중화풍의 채소 수프에 떡을 조합해보는 것이다. 떡을 넣은 수프는 한창 먹성이 좋은

성장기 아이들의 아침 식사로 안성맞춤이다. 손이 많이 가기는 하지만

튀긴 떡에 순한 장국, 무즙을 듬뿍 얹어서 만든 튀김떡 떡국은 우리 집에서

인기 있는 메뉴다. 시판되는 쯔유(일본식 간장 소스—옮긴이)를 사용해서

조금이라도 일거리를 줄이는 것도 좋은 방법이다.

아침에 떡국을 먹으면 힘이 솟아오르는 것 같다.

가족이 자전거를 타고 멀리 갈 예정인, 그런 날 아침에 먹기 딱 좋은 메뉴다.

돼지고기 흰파 떡국

재료(2인분)

얇게 썬 돼지고기 120g
대파 15cm
맛국물 400㎖
묽은 간장 1작은술
떡 2개
소금, 후추 각 적당량

만드는 법

1 얇게 썬 돼지고기는 먹기 좋은 크기로
  자른다. 대파는 흰 부분을 잘라서 물에
  담갔다가 짜둔다.
2 냄비에 맛국물을 넣어 불에 올리고 돼
  지고기를 넣고 거품을 제거하면서 끓
  인다. 소금 ⅓작은술, 묽은 간장을 넣는
  다. 소금으로 간하고 후추를 뿌린다.
3 떡을 구워 그릇에 담고 2를 붓는다. 흰
  파를 올린다.

튀김떡 떡국

재료(2인분)

떡 2개
무즙 ⅓컵
3배 농축한 쯔유 60㎖
튀김용 기름 적당량
김 적당량

만드는 법

1 쯔유, 물 300㎖를 냄비에 넣고 불에 올
  려 살짝 끓인다.
2 떡을 4등분으로 잘라서 160도의 기름
  에 넣어 부풀 때까지 튀긴다.
3 그릇에 떡을 담고 1을 붓는다. 무즙을
  얹고 기호에 따라 가늘게 썬 김을 올린
  다.

사이 좋은 수프와 빵

수프라는 말은 원래 '빵'을 뜻하는 말이다. 딱딱하게 굳어진 빵,

채소를 끓인 국물에 불려서 먹는 빵을 솝sop이라고 한 데서 유래되었다고 하는데,

이 끓인 국물이 '수프'로 발전한 것이다. 빵을 튀겨서 만든 크루통을

수프 위에 띄워서 먹는 것도 그로부터 유래된 것이다.

그런 역사를 돌아보며 빵을 재료로 해서 만든 수프를 두 가지 만들어보았다.

빵과 달걀로 만든 수프

재료(2인분)

달걀 2개
식빵 1장
치즈가루 30g
부이용(134p) 400㎖
소금 약간
후추, 파슬리 각 적당량

만드는 법

1 부이용을 냄비에 넣고 중불에 올려서
  소금을 넣는다.
2 볼에 달걀을 풀어서 치즈가루를 넣고
  섞은 다음, 식빵을 찢어 넣으면서 가볍
  게 섞는다.
3 1의 냄비에 담긴 부이용이 끓으면 2를
  넣고 20초 후에 불을 끈다. 후추를 뿌
  리고 파슬리를 잘게 썰어 뿌린다.

달걀을 넣은 빵죽처럼 보이는 이 수프는 정말 만들기 쉽다. 게다가 달걀과 빵, 수프를 한 번에 먹을 수 있어 귀차니스트들에게는 딱 맞는 요리다.

또 소고기와 양파를 뭉근하게 끓여서 만든 심플한 스튜에 빵을 넣은 수프는 끓일 때 넣는 맥주가 오묘한 감칠맛을 내는 원료가 된다.

독일에서는 맥주를 '마시는 빵'이라고도 하는데, 맥주는 보리, 빵은 밀이라는 원료의 차이가 있을 뿐 같은 맥류麥類에 속하므로 맥주와 빵은 궁합이 뛰어나다.

맛있는 수프가 듬뿍 스며든 빵과 빵 냄새가 스며든 수프가 상승효과를 내면서 맛을 내는, 말하자면 이인삼각二人三脚 수프다.

빵과 맥주로 만든 소고기 수프

재료(만들기 쉬운 분량)

양파 2개
소고기(사태, 앞다리 등) 200g
마늘 1조각
맥주 150㎖
캉파뉴 빵 80g
올리브유 총 3큰술
월계수잎 1장
소금, 후추 각 적당량

만드는 법

1 양파는 얇게 썰고, 마늘은 으깬다. 소고기는 먹기 좋은 크기로 잘라서 소금 1작은술을 넣고 주무른다.

2 냄비에 올리브유 1큰술을 두르고 뜨거워지면 소고기와 마늘을 볶고 꺼낸다. 같은 냄비에 올리브유 2큰술을 넣고 양파를 진한 갈색을 띨 때까지 볶는다. 소고기를 다시 냄비에 넣고 물 400㎖, 맥주, 월계수잎을 넣어 고기가 부드러워질 때까지 끓인다. 소금과 후추로 간하고 캉파뉴를 한입 크기로 잘라 넣는다.

씹히는 맛이 즐거운 수제 크루통

크루통이 떠 있는 수프는 보기만 해도 마음이 흐뭇하다.

남은 빵으로 '구운 크루통'을 만들어서 수프에 넣으면

아침잠을 깨우는 바삭한 식감을 맛볼 수 있다.

크루통 만들기는 기본적으로 빵을 작은 깍둑썰기나 얇게 썰기를 해서

오븐토스터의 저온에서 가끔 섞어가면서 균일하게 굽기만 하면 된다.

페이스트리처럼 버터가 많이 들어 있는 빵은 프라이팬에 올려놓고

데굴데굴 굴리면서 약불에서 볶듯이 구우면 좋은 냄새가 난다.

다양한 빵으로 크루통을 만들어 최대한 활용해보자.

빵이 들어간 단팥죽

재료(만들기 쉬운 분량)

팥소(시판용) 200g
페이스트리 반죽으로 만든 빵 적당량

만드는 법

1 그릇에 팥소를 넣고 물을 조금씩 넣어
   원하는 농도로 맞춘 다음, 잘 식힌다.
2 깍둑썰기한 빵을 프라이팬에 볶아서 1
   에 곁들인다. 팥소에 빵을 원하는 만큼
   넣고, 섞으면서 먹는다.

아보카도 포타주

재료(2인분)

아보카도 1개
올리브유 2작은술
소금 ⅓작은술
바게트 적당량

만드는 법

1 아보카도는 씨와 껍질을 제거하고 큼직하게 썬다.

2 프라이팬에 올리브유를 두르고 뜨거워지면 아보카도를 살짝 볶는다. 물 200㎖를 넣고 중불에서 1~2분간 끓여서 핸드블렌더로 갈아 소금을 넣는다.

3 바게트를 얇게 썰어 오븐토스터로 굽는다. 2를 그릇에 담고 바게트를 곁들인다.

토란과 햄 포타주

재료(2인분)

삶은 토란(냉동) 6~7개(150g)
로스햄(또는 얇게 썬 베이컨) 1매
소금 ⅓작은술
식빵 1장

만드는 법

1 삶은 토란, 큼직하게 썬 로스햄, 소금 ⅓작은술, 물 300㎖를 냄비에 넣고 중불에 올린다. 15분 정도 끓여서 토란이 부드러워지면 핸드블렌더로 곱게 간다.

2 식빵을 길쭉하게 썰어서 오븐토스터로 굽는다. 1을 그릇에 담고 식빵을 곁들인다.

A, B, C······ 알파벳 모양의 파스타를 당근이나 한두 종류의 채소와 함께 기본 부이용(134p)에 띄워서 재미있는 수프를 만들어보자. 시간이 여유로울 때는 알파벳 모양의 파스타 중에서 글자를 찾아 이니셜이나 단어 만들기 놀이를 해도 재밌다.

수프와 잘 어울리는 파스타

아침 수프에 파스타가 들어 있는 날에는 식탁에 앉은 아들이

즐거운 표정을 짓는다. 이 수프에서는 조연 역할을 하고 있지만, 역시 파스타의 인기는

막을 수 없다. 수프에 어울리는 파스타에는 두 가지 종류가 있다.

하나는 작은 크기의 파스타다. 요리할 때 잘 익고 스푼으로 뜨기 쉬워서

다른 재료와 함께 한입에 먹을 수 있어 좋다. 대표적인 것이 리소니인데,

리소가 이탈리아어로 '쌀'을 뜻하는 것처럼 파스타 모양이 쌀과 비슷하게 생겼다.

이탈리아어로 리소Riso란 쌀을 뜻한다. 수프가 조금 모자르다 싶은 날에는 이 파스타를 넣고 끓여서, 죽 스타일로 만든다. 소고기 토마토 수프(108p, 달걀을 넣지 않은 것) 등의 양을 늘리고 싶을 때 넣으면 굉장히 편리한 수프다.

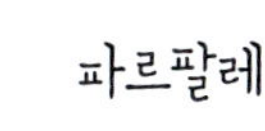

나비 같기도 하고 리본 같기도 한 모양의 파스타다. 파르팔레는 '나비 넥타이'라는 뜻이라고 한다. 파스타의 사랑스러운 모습이 문득 생각나면 빙그레 웃음이 나오곤 한다. 사진의 토마토 수프(20p) 외에 미네스트로네 등에도 잘 어울린다.

또 하나는 수프가 휘감길 수 있는 형태의 파스타다. 예를 들면 나비 모양의 파르팔레나, 나사처럼 돌돌 말린 푸실리 같은 것인데, 이 파스타들은 주름이나 접히는 부분이 많아 그 속으로 수프가 듬뿍 스민다. 파스타를 씹으면 수프가 우러나니 한결 맛있게 느껴지는 것이다.

가끔 파스타 재료가 떨어졌는데 너무 먹고 싶을 때가 있다. 그땐 어떻게 할까? 나는 스파게티를 톡톡 잘라서 수프에 넣는다.

스파게티 면은 스푼으로 먹기 쉽지 않지만, 의외로 떠먹는 재미가 쏠쏠하다.

나선형의 이 파스타를 나는 '빙글빙글 파스타'라고 부른다. 그 사이로 수프가 잘 스민다. 푸실리를 크림 수프(56p)나 스튜 등에 넣으면 푸짐한 느낌이 들어서 좋다. 이 파스타를 먹을 때는 나도 모르게 욕심이 생겨 많이 담게 된다.

익히면 비로소 알게 되는 과일의 감칠맛

과일을 익혀서 만든 핫 프루트hot Fruit는 어린 시절에 읽은 동화의 세계를
떠올리게 한다. 마녀가 난로 앞에서 따끈따끈하게 사과를 굽는,
그런 동화 말이다. 나는 과일 수프라면 북유럽의 베리berry 수프,
헝가리의 사워 체리sour cherry 수프 정도만 알고 있었다.
실제로 지인에게 스웨덴 베리 수프를 선물 받아 직접 만들어보았는데,
생각보다 단맛이 매우 강해서 흠칫 놀라기도 했다.

사과 포타주

재료(2인분)

사과(홍옥 등 신맛이 강한 것) 2개(약 250g)
버터 10g
설탕, 소금 각 적당량

만드는 법

1 사과는 껍질을 벗기고 얇게 썬다.
2 냄비에 사과, 버터, 물100㎖, 설탕 1큰
술을 넣고 중불에 올린다. 끓으면 불을
줄이고 약불에서 뚜껑을 덮어 10분쯤
사과가 부드러워질 때까지 더 끓인다.
핸드블렌더를 돌리면서 물을 조금씩
3 넣어 기호에 맞는 농도로 만든다. 그대
로 살짝 끓여서 소금을 큰 한꼬집 넣는
다. 설탕으로 간하고 그릇에 담는다.
※사진에서는 사과 버터 소테sauté에
시나몬을 뿌려서 장식했는데, 가볍게
거품을 낸 생크림을 곁들여도 맛있다.

내가 만든 과일 수프는 단맛이 적은 편이다. 과일은 끓이면 신맛이 빠져나가서
생과일이었을 때는 맛보기 어려운 깊은 감칠맛을 느낄 수 있다.

사진의 사과 포티주는 디저트 수프로 만든 것인데, 고기와도 궁합이 좋아서 식사할 때
수프로 이용해도 좋다. 소금을 살짝 치면 맛이 강해진다.

딸기, 블루베리, 감귤류 등 과육의 식감을 즐기고 싶은 과일은 형태를 남겨둔다.
생채소 샐러드와 데운 채소 샐러드를 대신하여 생주스와 따뜻한 수프를 먹는다면
다양한 방법으로 과일을 맛볼 수 있을 것이다.

딸기 수프

재료(2인분)

딸기 1팩(약 300g)
설탕 70g
후추 적당량

만드는 법

1 딸기는 꼭지를 따서 7mm 두께로 둥글
   게 썰어둔다.
2 딸기, 설탕, 물 400㎖를 냄비에 넣고
   중불에 올린다. 끓으면 약불에서 5분간
   더 끓인다.
3 그릇에 담아 후추를 뿌린다.

키위야? 코코아야? 깜짝 수프

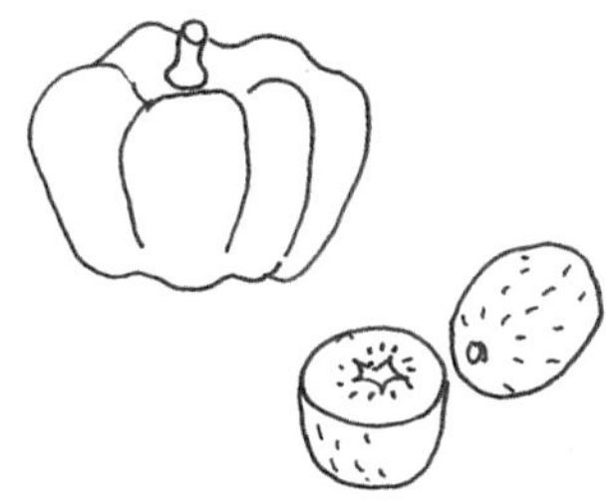

짜다고 생각했는데 달콤하거나, 달콤하다고 생각했는데 쓰다면?

겉보기와는 다른 맛으로 우리를 배신하는 요리를 반전이 있다며 좋아하는

사람도 있지만 조금 꺼리는 사람도 있다.

가정에서 요리를 만들 때는 평소 늘 사용하는 양념에서 벗어나지 못해

무의식중에 매너리즘에 빠지기 쉬운데, 가끔은 먹는 사람의 취향에 맞춰서

맛의 모험을 시도해보는 것도 재미있는 일이다.

먼저 호박 포타주를 만들어보자. 스푼으로 뜨면 컵의 밑바닥에서

코코아 페이스트가 나오는 깜짝 선물이 숨겨진 수프다.

호박의 단맛과 쓴맛이 살짝 나는 코코아는 의외로 잘 어울린다.

다음은 신맛이 강한 키위와 기름기 많은 소시지를 배합한 수프다.

설탕을 아주 조금만 넣어도 신맛이 순해진다.

호박 코코아 포타주

재료(2인분)

호박 ¼개(약 400g)
샐러드유 2큰술
설탕 1큰술
코코아파우더 1작은술
소금 약간

만드는 법

1 호박은 껍질을 벗기고 얇게 썰어둔다.
2 냄비에 샐러드유를 두르고 뜨거워지면 호박을 볶는다. 물 300㎖와 소금을 넣고 뚜껑을 덮은 다음 중불에서 20분 정도 끓인다. 핸드블렌더에 넣고 갈아 설탕을 넣은 후 다시 끓이면서 원하는 농도로 조절한다.
3 2를 3큰술 떠서 작은 볼에 넣은 다음, 코코아파우더를 넣고 섞는다. 그릇에 담고 그 위에 남은 2를 붓는다. 섞어서 먹는다.

키위와 구운 소시지 수프

재료(2인분)

키위 1개
양파 ¼개
소시지 3개
올리브유 1큰술
소금, 후추, 설탕 각 적당량

만드는 법

1 키위는 적당한 크기로 썰어둔다. 양파는 잘게 썰고, 소시지는 마구썰기 해둔다.
2 냄비에 올리브유를 두르고 뜨거워지면 소시지를 볶는다. 양파를 넣고 살짝 눌어붙을 정도로 중불에서 2분 정도 볶아 물 300㎖, 소금 ½작은술, 설탕 1작은술을 넣는다. 끓으면 키위를 넣고 후루룩 끓인다. 소금이나 설탕으로 간하고 후추를 뿌린다.

매일 먹어도 질리지 않게! 힘을 내고 싶을 때는 언제나 이 맛!

내가 지금까지 가장 많이 만들었던 수프는 단연 두부 된장국이다. 우리 집의 일상을 상징하는 수프로 두부의 크기나 된장을 넣는 타이밍은 거의 변함이 없다. 맛국물은 그때마다 집에 있는 재료를 사용한다. 마른멸치를 넣거나, 다시마와 가다랑어포를 사용하는 경우가 많으며, 바쁜 날에는 가끔 맛국물팩도 이용한다.

된장국은 아이가 시험을 보는 날이나 합숙하러 가는 아침에, 말하자면 가장 분발해야 할 순간에 반드시 내놓는 부적 같은 음식이기도 하다. 중요한 시기에 힘을 내게 해주겠다며 무리하게 돈가스를 먹이기보다는 익숙한 된장국을 먹고 평상심을 가진 상태로 임한다면 일이 더 잘 풀리지 않을까?

두부 된장국

재료(2인분)
두부 ½모
맛국물 300㎖
된장 1½큰술
실파 적당량

만드는 법
1 냄비에 맛국물을 붓고 끓인다.
2 두부를 약 1cm로 깍둑썰기한다.
3 1에 두부를 넣고 된장을 풀어 넣는다. 기호에 따라 실파를 송송 썰어서 얹는다.

도마가 필요 없는 스리나가시

스리나가시すり流し 라고 하는 일본 요리법은 어패류나 채소를 막자사발에 넣고
으깨서 맛국물을 낸 고급 일식 수프다. 말하자면 일본식 도구와
맛국물로 만든 포타주를 말하는데, 더 간단히 만들 수는 없을까 생각하다가
시도한 것이 강판을 사용하는 방법이다.
지게미를 넣은 된장국 속에 강판에 감자를 갈아 넣어 재빨리 끓이면 완성된다.
도마조차 필요 없다. 흰된장으로 만들면 사진처럼 품위 있는 접대 요리가 되며,
된장국으로도 만들 수 있다. 지게미가 없으면 생략해도 된다.
본래의 스리나가시와는 다르지만, 나름대로 간단히 만들어도
정성이 많이 들어간 것처럼 보이는 것이 최대의 매력이다.

감자를 넣은 지게미 된장국

재료(2인분)

감자(큰 것) 1개
맛국물 400㎖
된장 2큰술
지게미 1큰술
미나리 적당량

만드는 법

1 지게미에 물 1큰술을 넣고 10분 정도 둔다.
2 맛국물을 냄비에 넣어 불에 올린 다음 1을 넣고 된장을 푼다.
   일단 불을 끄고 감자는 껍질을 벗긴 후 강판에 간다.
3 전체를 섞어서 다시 한 번 불에 올려놓고 살짝 끓이면 완성된
   다. 그릇에 담아 기호에 따라 미나리를 먹기 좋은 크기로 잘
   라서 띄운다.

스푼의 짝사랑

스푼은 수프 맛을 모른다. 이는 영국 웰스 지방의 속담으로 어리석은 자는 지혜로운 자의 말을 이해하지 못한다는 뜻이라고 한다. 의미는 좀 다르지만 수프를 만들다 보니 글자 그대로 스푼은 영영 수프의 맛을 모를 것 같다는 생각이 들었다. 스푼은 풍부한 맛으로 칭송받는 수프를 동경하지만, 수프는 좀처럼 진심을 보여주지 않는다. 안타깝게도 말이다.

그 말이 어렴풋이 생각날 때는 수프 접시 옆에서 자기 일을 성실하고 정직하게 계속 해나가는 스푼에게 에일 맥주라도 한 잔 권하고 싶어진다. 그 애절한 동경과 성실함이 스푼을 반짝이게 할 거라고 기대하면서.

오감을 눈뜨게 하는 기분 좋은 한 그릇

소복이 담는 푸드 데커레이션,
수프에도 적용해보자!

수프는 액체이므로 그릇에 잘 담기가 힘들다. 예전에 푸드 데커레이션을

잠시 배웠던 적이 있는데, 상당히 도움이 되어 수프 담기에도 적용해보았다.

국물과 건더기를 한꺼번에 담지 않고 우선 건더기부터 그릇 한가운데

쌓아 올리듯 담는다. 작은 건더기는 올챙이국자로 뜨고, 큰 건더기는

젓가락으로 건더기의 한가운데를 집어서 담는다. 건더기를 다 담고 난 후

수프는 건더기 옆으로 살며시 부어 넣는다. 마지막으로 건더기 위에 장식으로 잎채소,

유자, 실파 등을 얹어서 마무리한다. 가운데 있는 건더기에 기대어 세우거나

올려놓으면 보기 좋게 담을 수 있다.

"와, 성공이다. 예쁘게 담겼어!"라며 그릇을 식탁으로 옮기다가 쌓아 올린

건더기가 무너져버려 "망쳤다!"라며 속상했던 적도 있다.

그래도 이렇게 한곳에 머무르지 않는 것이 수프라는 요리의 큰 매력이라고 생각한다.

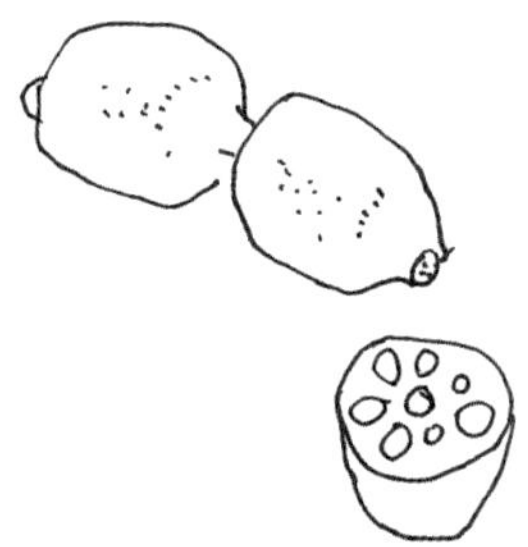

연근을 넣은 흰된장국

재료(2인분)

연근 1뿌리(약 150g)
유채꽃 2줄기
맛국물 300㎖
흰된장 2큰술
연겨자 적당량

만드는 법

1 연근은 얇게 썰어서 물에 씻은 후 소쿠리에 밭쳐 물기를 뺀다. 유채꽃은 살짝 데쳐서 약 4cm 길이로 자른다.

2 맛국물을 냄비에 넣고 불에 올린 다음 연근을 넣고 끓인다. 흰된장을 풀어 넣고 맛이 부족하다 싶으면 된장을 조금 더 넣는다.

3 그릇에 2의 연근을 건져서 먼저 담고, 2의 국물을 부은 다음 1의 유채꽃으로 장식한다. 기호에 따라 연겨자를 얹는다.

식감과 향으로 아침을 깨우는 토핑

토핑은 아주 조금만 올려도 음식을 더욱 먹음직스럽게 보이도록 한다.

단, 있는 듯 없는 듯한 양을 올릴 거라면 올리지 말자. 이왕 토핑을 하려면

'민낯' 그대로의 호박 포타주를 개성 있고 특별한 일품요리로 진화시켜주는

'결정적 한 수'가 되도록 만드는 것이 바람직하다.

잠에서 막 깨어난 몸을 확실하게 깨워주는 토핑이 필요하다.

기본 호박 포타주 이것이 기본!

재료(2~3인분)

호박 ¼개(약 400g)
버터 20g
소금, 설탕 각 적당량

만드는 법

1 호박은 껍질을 벗기고, 얇게 썬다.
2 냄비에 호박, 버터, 물 200㎖를 넣고 뚜껑을 덮고 호박이 부드러워질 때까지 끓인다.
3 2에 소금 ½작은술을 넣고 핸드블렌더로 간다. 물을 조금씩 넣고 기호에 따라 농도를 조절한다. 싱거우면 소금을, 단맛이 부족하면 설탕을 조금 첨가한다.
※사진에서는 기름에 볶은 호박(분량 외)을 작게 잘라 띄웠다.

여러 가지 토핑

A. 바삭하고 씹히는 맛이 좋은 슬라이스 아몬드. 오븐 토스터에서 살짝 구워 올린다.

B. 견과류가 들어간 캐러멜 소스. 시판 캐러멜 소스에 슬라이스 아몬드를 넣으면 고소한 맛이 난다.

C. 쌉싸래한 프렌치 로스트 커피콩이 포인트다. 잘 볶은 커피콩을 막자사발이나 제분기를 이용해 잘 갈아준 뒤 뿌린다.

D. 참깨가 포인트다. 기본 수프는 맛국물로 양을 늘리거나, 간장으로 맛을 낼 때 참깨와 더욱 잘 어울린다.

E. 건포도빵으로 크루통(67p)을 만들어 얹고, 시나몬을 듬뿍 뿌린다.

그림을 그리듯 자유롭게, 수프 위의 예술

수프에 들어간 식재료나 식탁에 있는 재료로

그릇 안에 그림을 그리거나 낙서를 해보는 건 어떨까?

한여름의 정열, 파프리카를 넣은 포타주

파프리카 포타주에 파프리카 토핑으로 멋을 냈다. 포타주를 만들 때 파프리카를 조금 잘라 놓는다.

사과껍질을 나란히 귀엽게, 홍옥 사과를 넣은 포타주

홍옥 사과껍질을 사각으로 작게 잘라 3개를 얹었다. 새하얀 수프에 새빨간 사과 색깔이 귀엽다.

껍질을 버리지 않고 돌돌 말아놓은, 가지 수프

가지 껍질을 가늘게 잘라 가볍게 소금을 뿌려 숨죽인 다음 돌돌 말았다. 수수한 색감의 수프에 보라색이 들어가서 아름답다.

실파를 색다르게 올린 일본식 감자 수프

토핑용 실파는 송송 썰어서 익히지 않고 그대로 사용한다. 이런 식으로 길게 잘라서 얹어도 예쁘다.

토핑을 그림 도구처럼 사용해보는 것도 좋다.

실패해도 먹어 버리면 되니까 부담 가질 필요 없다.

선명한 블루에 눈이 반짝,
보랏빛 양배추 포타주

보랏빛 양배추 포타주를 하룻밤 두면, 색감이 더욱 선명해진다! 생크림으로 소용돌이를 그리고, 빨간색 파프리카 파우더를 휙 뿌린다.

아라레와 우엉을 넣은
일본식 콘소메

어슷썰기한 우엉 콘소메 수프에 넣은 것은 다름 아닌 일본의 전통과자 아라레! 길게 줄을 세워서 올린 과자의 씹히는 맛이 포인트다.

정장을 맞춰 입은 듯,
비트 포타주

생생한 비트색 셔츠에 흰색 스커트를 입은 모습이다. 정장 코디네이터처럼 색의 대비를 이룬다.

요구르트를 방울방울,
아보카도 포타주

예쁜 녹색 아보카도 포타주에 요구르트를 살짝 떨어뜨린다. 풀 위에 핀 하얀 꽃을 이미지화했다.

★수프 레시피는 138~139p에서 소개한다.

유부의 다양한 변신

직장이나 학교에 가끔 이런 사람이 있다. 분위기를 살리면서

껄끄러운 사이인 이 사람과 저 사람, 애매한 관계의 이 사람과 저 사람을 이어주어

자연스럽게 주변 관계를 모두 정리해주는 사람 말이다.

구운 유부는 수프에 있어서 그런 존재다.

유부는 채식 요리에서 감칠맛을 내기 위해 사용하는 재료로

그 자체로도 충분히 맛있다. 그러면서도 육류나 생선, 양파 등과 같이

강한 맛과 향이 없어 어떤 소재와도 부딪치지 않는다.

향이 강한 우엉과 신맛이 나는 토마토처럼 싸울 듯 어울리지 않는

식재료끼리도 유부가 나서면 맛이 잘 정리된다.

토마토와 우엉, 유부를 넣은 수프

재료(2인분)

토마토 2개(약 250g)
우엉 ½개
유부 ½장
올리브유 1큰술
소금 적당량

만드는 법

1 토마토는 큼직하게 썰고, 우엉은 껍질을 잘 씻어서 어슷썰기 한다.
2 냄비에 올리브유를 두르고 뜨거워지면 우엉을 중불에서 2분간 볶는다. 토마토, 소금 ½작은술을 넣고 뚜껑을 덮고 2분 정도 끓인다. 물 300㎖를 넣고 다시 3분간 끓여서 소금으로 간한다.
  유부를 오븐 토스터로 구워서 가늘게
3 자르고, 그릇에 담은 2에 얹는다.

유부는 단지 조정하는 역할만 하는 게 아니다. 구운 유부는 일본식 크루통이라

할 수 있을 정도로 수프가 스며들기 전에는 바삭바삭한 식감을 자랑한다.

수프 위에서 존재감을 뽐내면서, 주인공이 혹시 유부일지도 모른다고

생각하게 할 만큼 명품 조연의 자태를 발휘한다.

이 일본식 크루통을 만드는 법은 간단하다. 유부를 오븐 토스터 등으로

너무 타지 않게 구워서 싹둑싹둑 자르기만 하면 된다.

갓 구운 것이라야 제대로 식감이 살아난다.

양배추와 유부를 넣은 일본식 수프

재료(2인분)

양배추 잎 2매
유부 1매
다시마 5cm 정방형 2매
묽은 간장 1큰술
후추 적당량

만드는 법

1 다시마는 물 400㎖에 담가 하룻밤 냉장고에 넣어둔다. 다음날 다시마를 꺼낸다.
2 양배추 잎은 1cm 폭으로 잘라 냄비에 넣는다. 1을 2큰술 넣고 중불에 올려 뚜껑을 덮고 3분간 끓인다.
3 2에 남은 1을 넣고 약불에 올린다. 묽은 간장을 넣고 후추를 뿌린다. 싱거우면 묽은 간장을 조금 더 넣는다.
4 유부를 오븐 토스터로 노릇노릇해질 때까지 구워 1.5cm 정방형으로 자른다. 3을 그릇에 담고 유부를 얹는다.

짜릿하게, 매콤하게! 후추가 주인공인 수프

얼얼하게 매운 후추. 어차피 사용한다면 망설이지 말고 요리에 듬뿍 넣어
그 매력을 마음껏 느껴보면 어떨까? '아침부터 이렇게 자극적으로
먹어도 괜찮을까?' 하는 생각이 들 정도의 매운 수프로 상쾌하게 잠을 깨워보자.
굵게 간 흑후추를 사용한다. 소고기를 넣고 양파를 듬뿍 넣은 수프에 살짝 뿌린다.
이 정도로는 부족하다고 생각하면서 계속 더 뿌리다가 후추로
뒤덮일 정도가 되면 수프는 매운 상태가 된다. 수프를 먹고 있는 동안에
몸이 훈훈해진다. 예전부터 후추는 위장에 좋은 생약으로 사용되어 왔다.
이 수프를 먹으면 후추의 힘을 느끼게 될 것이다.
요리의 마지막에 소금과 후추를 넣을 때는 우선 소금으로 간하고 먹기 직전에
후추를 뿌려야 향이 강하게 남는다. 가루로 된 후추를 뿌리는 것보다
그때그때 갈아서 넣을 수 있도록 통후추를 쓰는 것이 더 좋다.

흑후추와 우유, 양파로 만든 수프

재료(2인분)

양파 1개
소 넓적다리살(구이용) 100g
올리브유 1큰술
흑후추 ½작은술
소금 적당량

만드는 법

1 양파는 잘게 썰고, 소 넓적다리살은 작은 정육면체로 썰어둔다.
2 냄비에 올리브유를 두르고 뜨거워지면 양파를 갈색이 날 때까지 볶는다.
3 소고기, 물 400㎖, 소금 ½작은술을 넣고 중불에 올려 끓어오르면 거품을 걷어내면서 3분간 끓인다. 소금으로 간하고 후추를 뿌린다. 기호에 따라 후추를 더 뿌려준다.

서랍에서 잠들어 있던
필러와 슬라이서를 깨우자

초여름 무렵 묵직한 주키니가 나오기 시작하면 얇게 잘라서 보기에도

시원한 수프를 만들고 싶어진다. 그런데 주키니는 얇게 자르기가 조금 어렵다.

이럴 때 활약해줄 도구가 바로 필러와 슬라이서다. 선물 받은 것이 있긴 한데

그게 부엌 서랍의 어느 구석에 잠들어 있는지 모르는 사람도 많지 않을까?

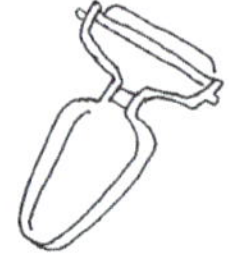

주키니 수프

재료(2인분)

주키니 1개
부이용(134p) 400㎖
소금 적당량

만드는 법

1 주키니는 꼭지를 잘라내고 필러로 길
   쭉하고 얇게 저민다.
2 냄비에 부이용. 소금 ⅓작은술을 넣고
   중불에 올린다. 끓으면 주키니를 넣고
   3분 정도 더 끓인다. 소금으로 간한다.

내게는 필러와 슬라이서가 편리함보다 즐거움을 주는 도구다.

필러를 처음 접했을 때 끝도 없이 감자 껍질을 벗겼던 적이 있다.

(결국 그 감자로 엄청난 양의 감자조림을 만들었다)

또 부엌칼이 아닌 슬라이서로 자르면 채소 표면이 약간 톱니바퀴 모양이 되어

보는 재미가 있다. 당근을 슬라이서로 자르면 들쭉날쭉한 모양이 되어

드레싱이 잘 묻고, 수프에 넣어도 잘 어울린다.

주키니를 자를 때는 주키니를 세로로 잡고 필러를 당기듯이 하면서 얇게 저민다.

당근은 슬라이서를 이용해서 아주 가늘게 채친다.

이렇게 평소와 다른 방법으로 자르기만 해도 늘 먹던 채소가

완전히 다른 맛으로 느껴질 것이다.

잘게 썬 당근과 건포도 수프

재료(2인분)

당근(작은 것) 1개
부이용(134p) 350㎖
샐러드유 1큰술
건포도 1큰술
소금 적당량

만드는 법

1 당근은 슬라이서로 채친다.
2 냄비에 샐러드유를 올려 가열하고 당근을 중불에서 3분간 볶는다.(눌러붙지 않도록 주의할 것) 부드러워지면 부이용, 소금 ½작은술, 건포도를 넣고 3분간 끓인다. 소금으로 간한다.

몸이 훈훈해지는 레드&블랙 수프

레드와 블랙의 대비를 이루는 핫 수프는 토마토에 삶아서 단맛이 나는 검정콩과

후추를 듬뿍 넣어 만든 것으로 맛이 새롭다. 검정콩이나 후추 같은

검은색 식재료는 몸의 냉증을 없애는 데 좋다고 하여 만들어본 일품요리다.

설날에 먹는 검정콩조림은 아주 달콤하지만 신맛이 강한 토마토,

매운맛이 나는 후추와 어우러지면 맛의 균형을 잡을 수 있다.

달고 맵고 새콤한 맛이 모두 들어 있기 때문에 맛있는 요리가 되는 것이다.

외관상 또는 새로운 조합으로 만든 수프가 맛이 어떨지 은근히 걱정되는 경우에도

맛의 균형을 생각해보면 아주 자연스러운 맛으로 완성된다.

충분히 끓여서 콩의 단맛이 수프로 자연스럽게 옮겨가도록 해보자.

검정콩과 닭고기
핫 수프

재료(2~3인분)

검정콩조림 100g

닭 넓적다리살 200g

양파 ½개

토마토 통조림 1캔

올리브유 2큰술

흑후추 1작은술

소금 적당량

만드는 법

1   양파는 1cm 정방형으로 썬다. 닭 넓적다리살은 작게 한입 크기로 썬다.

2   냄비에 양파를 넣고 올리브유를 두른 다음 중불에 올린다. 양파가 투명해지면 닭고기를 넣고 볶는다. 닭고기 표면이 하얗게 되면 으깬 토마토 통조림, 소금 1작은술, 검정콩조림을 넣는다.

3   15~20분간 끓여서 소금으로 간하고 후추를 뿌린다.

동화에 등장하는 수프 이야기

『곰 세 마리』라는 러시아 동화가 있다.

숲에서 길을 잃고 헤매던 소녀가 곰이 사는 오두막집으로 몰래 들어가서

곰들이 산책을 나간 사이에 테이블에 놓여 있던 수프를 먹는 장면이 있다.

소녀의 허기를 달래주는 따뜻한 수프는 얼마나 맛있었을까.

어떤 번역 도서에는 '죽'이 그려진 그림도 나오는데, 이는 아마도 유럽에서 서민들이 먹었던

수프의 원형인 '포리지porridge'였을 것으로 짐작된다. 포리지는 곡류나 콩을

걸쭉하게 끓인 것으로, 프랑스 동화『마더 구스』에도

'냄비에 넣어 9일이나 지난 콩 포리지'라는 구절이 등장한다.

동화의 세계에 나오는 수프는 상상으로 맛볼 수밖에 없지만, 곰이 테이블 위에

놓아두었던 수프가 이런 느낌이지 않았을까 하는 생각으로 만들어보았다.

완두를 으깬 포타주

재료(2인분)

완두(냉동) 1봉지
양파 ¼개
베이컨 50g
올리브유 2큰술
소금 적당량

만드는 법

1 양파는 잘게 썰어둔다. 베이컨은 가늘게 자른다.
2 냄비에 양파, 베이컨, 올리브유를 넣고 중불에 올려 2분간 볶는다.
  완두, 소금 ½작은술, 물 200㎖를 넣고 끓으면 뚜껑을 닫고 20분 정
  도 푹 삶는다. 중간에 뚜껑을 열어 물이 줄었으면 보충한다.
3 2를 핸드블렌더로 갈아 입자가 조금 남아 있는 페이스트 상태로 만
  든다.(올챙이국자의 등 부분으로 으깨도 된다) 살짝 끓이면서 물을 조금씩
  넣어 기호에 따라 농도를 맞춘다. 소금으로 간한다.

3 장 오감을 눈뜨게 하는 기분 좋은 한 그릇

맛있는 기억을 소환하는, 구운 채소의 향

구운 채소를 넣은 수프를 먹을 때마다 내 머릿속에는

모닥불과 함께 어떤 풍경이 떠오른다.

모닥불을 좋아하셨던 아버지는 가을부터 겨울 사이에는 정원에서

낙엽을 모아 태우곤 했다. 아버지는 만년에 몇 년 동안 땅을 빌려서 취미 삼아

밭을 일구었는데, 그곳에서도 자주 불을 피웠다. 작게 흔들리는 불꽃을 보고 있으면

왠지 마음이 편안해졌다. 가족들은 저마다 마음이 내킬 때 불 옆에

모여 앉아 쉬곤 했다. 숯불 속에 고구마를 굽거나, 때로는 무쇠 냄비를

모닥불 위에 올려놓고 닭고기 구이를 하기도 했다.

모닥불은 아버지가 만든 작은 거실이고 부엌이었다.

모닥불을 피우는 습관이 없어진 지금, 채소를 굽는 냄새가 나면

나는 바비큐보다 아버지의 모닥불을 떠올리게 된다.

끓이거나 찌거나 볶거나 하는 것부터 시작하는 수프가 많은데,

때로는 '굽는' 것부터 시작하는 수프도 소박한 시골 정취를 느낄 수 있어 신선하다.

구운 채소를 이용하면 다른 방법으로 채소를 요리하는 것보다

더 진한 맛을 경험할 수 있다.

채소 구이 된장국

재료(2인분)

여름 채소(가지, 양파, 여주, 주키니,
호박, 파프리카 등을 합쳐서) 200g
맛국물 350㎖
된장 1½큰술

만드는 법

1. 여름 채소는 먹기 쉬운 크기로 자른다. 생선구이 그릴이나 석쇠로 구운 자국이 나타날 때까지 굽는다.
2. 맛국물을 냄비에 부어 불에 올린다. 1에서 구운 채소 중 호박처럼 딱딱한 것을 먼저 넣고 익을 때까지 끓인다.
3. 2에 된장을 풀어 넣고 남은 1을 넣는다.

양배추구이와 레몬 수프

재료(2인분)

양배추 ¼개
레몬 ¼개
올리브유 1큰술
소금 적당량

만드는 법

1. 양배추는 뿔뿔이 흩어지지 않도록 심이 붙어 있는 채로 부채꼴로 2등분한다. 레몬은 과즙을 짜서 ½작은술을 계량하고, 레몬껍질은 잘게 썰어둔다.
2. 프라이팬에 올리브유를 두르고 뜨거워지면 양배추의 잘린 면을 누르듯이 2분씩 구워, 양면에 확실하게 구운 표시를 낸다. 양배추를 냄비에 넣고 물 500㎖, 소금 1작
3. 은술을 넣고 중불에 올린다. 끓으면 불을 약하게 조절한 뒤 뚜껑을 덮고 20분간 더 끓인다. 1의 레몬즙을 넣고 소금으로 간하고 레몬껍질을 뿌린다.

돌 수프의 맛

허기진 배를 움켜쥐고 한 마을을 찾아간 여행객은 먹을 것을 구해보았지만 아무것도 얻지 못했다. 그는 꾀를 내어 수프를 맛있게 끓일 수 있는 마법의 돌이 있다며 큰 냄비를 빌려 돌을 넣고 끓이기 시작했다. '양파가 조금만 있으면 참 좋을 텐데'라고 말하자 마을 사람 하나가 집에 있던 양파를 가져왔다. 그런 식으로 마을 사람들은 그들이 가진 당근, 고기, 소금 등을 여행객에게 나눠줬다. 수프가 완성되자 여행객은 마을 사람들과 수프를 나눠먹었는데, 그 수프를 맛본 마을 사람들은 오랫동안 그 맛을 잊지 못했다고 한다.

유럽에서 전해져 오는 이 이야기 속 여행객이 어쩐지 사기꾼 같은 느낌이 들지만, 그의 꾀 덕분에 모두 행복하게 수프를 먹게 된다. 맛있는 수프를 만들 수 있다면 조금 거짓말을 해도 용서해 주지 않을까 하고 생각했던 적이 있다.

4 장

기분 좋은 아침을 만드는 작은 아이디어

밤에서 아침으로,
아침에서 밤으로 이어지는 바통 수프

그림 형제의 동화『구둣방 할아버지와 꼬마 요정』처럼 내가 자는 동안

꼬마 요정이 짜잔! 하고 나타나서 집안일을 해주면 참 좋겠다고 생각한 적이 있다.

아침에 일어나 보니 맛있는 수프가 만들어져 있다면 얼마나 좋을까!

그런 일은 절대 일어나지 않겠지만, 현재의 내가 미래의 나를 도울 수는 있을 것 같다.

예를 들면, 집에 있는 뿌리채소로 돼지고기 된장찌개를 넉넉하게 만들어서

저녁 식사로 먹고 아침이 되면 전날 남은 된장찌개에 토란이나

파, 미나리를 넣어 별미 돼지고기 된장찌개를 만드는 것이다.

전날 밤에 미리 된장찌개 재료를 준비해두면 아침을 즐겁게 맞을 수 있다.

돼지고기 된장찌개

재료(만들기 쉬운 분량)

얇게 썬 돼지고기 150g
무 10cm
당근 1개
A   우엉 ½개
연근 1뿌리(약 150g)
표고 3개
곤약 ½장
샐러드유 2큰술
된장 4큰술

만드는 법

1 얇게 썬 돼지고기는 먹기 쉬운 크기로 자른다.

2 A는 1cm 정방형으로 자른다. 곤약은 살짝 데쳐서 손으로 찢는다.

3 냄비에 샐러드유를 두르고 뜨거워지면 돼지고기를 볶은 다음, 2를 넣고 중불에서 5분 정도 볶는다.

4 물 800㎖를 넣고 끓으면 거품을 제거한다. 된장 2큰술을 풀어 넣고 15분 정도 끓인다. 된장 2큰술을 더 풀어 넣는다.

별미 돼지고기 된장찌개

재료(만들기 쉬운 분량)

돼지고기 된장찌개
(106p)의 약 ⅔분량
대파 ½개
토란 5개
미나리 ½단
된장 1큰술

만드는 법

1 토란은 반으로 잘라 살짝
데친다. 대파는 2cm 폭으로
자르고, 미나리는 먹기 쉬운
길이로 자른다.

2 돼지고기 된장찌개 냄비에
토란, 대파, 물 200㎖를 넣
고 끓인다. 된장 1큰술을 다
시 풀어 넣고 불을 끈다. 미
나리를 올린다.

밤에는 추가형, 아침에는 변신형

앞에서 소개한 돼지고기 된장찌개 같은 음식은 밤에 만들어두면 좋다.

하지만 아침에서 밤으로 바통을 넘기듯이 수프를 만들어도 좋다.

예를 들면 아침에 양파, 소고기, 토마토로 간단한 비프 토마토 수프를

만들어 두었다가, 밤에는 여기에 콩이나 감자 등 부피가 있는 식재료를 추가해서

칠리 콘 카르네chili con carne를 넣은 칠리를 만드는 것이다.

아침의 내가 저녁의 나에게 도움을 주고, 또 저녁의 내가 아침의 나를 돕는다!

집안일은 종착점이 없는 릴레이 경기다.

오늘의 내가 내일의 나에게 바통을 건네어 무리하지 않고 계속 달려보자.

초간단 비프 토마토 수프

재료(만들기 쉬운 분량)

다진 소고기 400g
양파(큰 것) 1개
마늘 1조각
토마토 통조림 2개
박력분 2큰술
올리브유 3큰술
달걀 2개
소금 1작은술
후추 적당량

만드는 법

1 양파는 잘게 썰고, 마늘은 으깬다. 냄비에 올리브유를 두르고 뜨거워

2 지면 다진 소고기를 넣고 양파, 마늘을 넣어 볶는다. 향이 오르면 박력분을 체쳐 넣고 가루가 없어질 때까지 볶는다. 토마토 통조림을 손으로 으깨 넣고 여기에 소금, 물 600㎖를 넣는다. 끓으면 저어주면서 약불에서 15분간 끓인다.

3 2를 먹을 만큼 별도의 냄비로 옮긴 다음 끓이면서 달걀을 1개 넣고 후추를 뿌린다.

칠리 콘 카르네

재료(만들기 쉬운 분량)

초간단 비프 토마토
수프(108p) 약 ⅔분량(달걀 제외)
감자 2개
피망 1개
강낭콩(또는 다른 콩) 통조림 200g
칠리 파우더 2작은술
소금 적당량

만드는 법

1 감자, 피망은 먹기 좋은 크기로 자른다.
2 아침에 남겨둔 초간단 비프 토마토 수프를 중불에
  올리고, 1과 강낭콩 통조림을 넣고 20분 정도 끓
  인다. 칠리 파우더를 넣고 소금으로 간한다.

남겨둔 반찬 덕분에 즐거워지는 아침

만두, 튀김. 미트볼 등은 넉넉히 준비해 놓으면 좋은 반찬이긴 하지만
한 번에 너무 많이 만들어버리는 경우가 많다. 조금 전까지 식구들 모두
맛있게 먹었는데 배가 불러서 더는 먹을 수 없게 되는 순간부터,
안타깝지만 '잔반'으로 취급할 수밖에 없다.
하지만 일부러 '남겨둔다'고 생각하면 이야기는 달라진다.
저녁에 먹은 것을 미리 사람 수만큼 남겨두었다가 다음 날
아침에 수프를 만들 때 넣어보자. 아침에 일어나 손이 많이 가는
미트볼이나 만두가 들어간 수프를 먹을 수 있다면 얼마나 흐뭇할까.
이 반찬들은 보존 용기에 넣어 뚜껑을 덮으려고 할 때
오도카니 앉은 모양이 왠지 귀여워 보이기까지 한다.

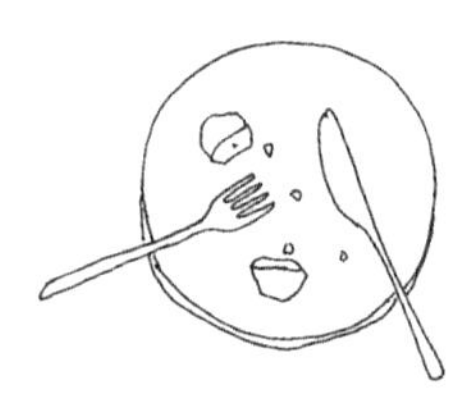

만두 수프

재료(2인분)

익히지 않은 만두 6개
부이용 2작은술
소금, 후추 각 적당량
실파 적당량

만드는 법

1 냄비에 부이용, 물 400㎖를 넣고 불에 올려 살짝 끓인 다음 소금으로 간하고 후추를 뿌린다.
2 다른 냄비에 만두를 쪄서 1에 넣는다. 그릇에 담아 기호에 따라 실파를 송송 썰어 얹는다.

튀김 된장국

재료(2인분)

튀김(종류는 상관없음) 2개

맛국물 350㎖

된장 ½큰술

만드는 법

1 맛국물을 냄비에 넣고 불에 올려 끓으면 된장
   을 풀어 넣는다.
2 오븐 토스터나 프라이팬으로 튀김을 데운다.
3 1을 그릇에 붓고 2의 튀김을 올린다.

미트볼 채소크림 수프

재료(1~2인분)

미트볼 4개

양파 ¼개

당근 3cm

A 주키니 ⅓개

감자(작은 것) 1개

박력분 1큰술

샐러드유 1큰술

우유 50㎖

소금, 후추 각 적당량

만드는 법

1 A는 약 1cm 정방형으로 자른다.

2 냄비에 샐러드유를 두르고 뜨거워지면 양파를 볶는다. 당근, 주키니, 감자를 넣고 눌러붙지 않도록 중불에서 볶는다. 박력분을 체쳐 넣고 약한 불에서 가루가 없어질 때까지 볶는다. 물 300㎖, 소금 ⅓작은술을 넣고 5분간 끓인다.

3 우유, 미트볼을 넣고 살짝 더 끓인 다음 소금으로 간하고, 후추를 뿌린다.

진한 카레 수프, 물만 부으면 OK!

아침부터 카레가 먹고 싶은 날이 있다. 전날 밤 큰 냄비에
한가득 만들어두어도 되지만, 좀 더 편하고 맛있게 먹기 위해
물만 더해 데워 먹는 진한 카레 수프 재료를 미리 만들어두면 좋다.
채소나 육류, 어패류를 잘 볶은 다음 소금과 여러 가지 향신료를 넣은 카레를
미리 만들어둔다. 먹기 직전에 물을 넣는다고 생각하고, 만들 때는
물을 아주 조금만 넣어서 간을 진하게 맞춰두는 것이 요령이다.
이렇게 하면 냉장고에서 3일 동안 두고 먹을 수 있다.

재료에 물만 넣어주면 완성
카레 수프

그대로 밥에 끼얹으면
카레라이스

커민과 카이엔페퍼를 듬뿍 묻힌 양고기와 콩으로 만
든 매운 카레는 어쩐지 북아시아의 이미지를 떠올리
게 한다. 이 카레 재료를 만들어두면 물이나 가지를
넣기만 해도 일품요리가 된다. 볶음 요리로도 가능하
며 편리하게 이용할 수 있다.

집에 있는 고등어 통조림에 토마토와 생강을 듬뿍 넣
어 간단하게 만든 고등어 카레. 수분을 없애려면 냄
비보다 프라이팬으로 만드는 것이 좋다. 바짝 졸여서
보존해두었다가 물을 넣고 데워서 밥과 함께 먹는다.

빵과도 찰떡궁합인
과일 카레

카피르 라임 향으로 눈뜨는
태국 풍 시푸드 카레 수프

바나나, 파인애플, 건포도 등 카레와 궁합이 잘 맞는 과일을 넣은 카레. 달콤할 뿐만 아니라 후추가 강한 맛은 의외로 어른이 먹기 좋은 맛이다. 먹을 때는 바나나를 둥글게 잘라서 올려놓거나 빵을 곁들이기도 한다.

바지락, 소금에 절인 대구, 새우를 듬뿍 넣은 해산물 카레 수프. 말린 카피르 라임Citrus hystrix 잎을 넣고 살짝 끓이기만 해도 신기하게 태국 요리점에서 맛볼 수 있는 특유의 향이 난다. 카피르 라임은 바이 막루Bai makrut, 라임 리프lime leaf라고도 불린다.

네 가지 카레 수프 재료 만들기

양고기+병아리콩

고등어 통조림+토마토

재료(만들기 쉬운 분량)

양고기(구이용) 200g
병아리콩 통조림 150g
양파(큰 것) 1개
토마토 1개
마늘 1조각
카레 가루 2작은술
커민(파우더) 2작은술
카이엔페퍼(또는 일미 고추) 1작은술
소금, 올리브유 적당량

만드는 법

1 양고기는 가늘게 자르고 양파는 얇게 썬다. 토마토는 큼직하게 썰고, 마늘은 잘게 썰어둔다.
2 냄비에 커민, 올리브유 2큰술을 넣고 중불에 올린다. 향이 나기 시작하면 양파, 마늘, 소금 1작은술을 넣고 볶는다. 계속해서 토마토를 넣고 수분을 제거하듯이 강불에서 볶는다. 카레 가루, 카이엔페퍼를 넣고 더 강한 불에서 볶는다. 전체가 걸쭉한 상태가 될 때까지 익힌다.
3 프라이팬에 올리브유를 조금 두르고 가열한 다음, 양고기에 소금과 카레 가루(분량 외)를 가볍게 뿌려서 볶는다.
4 2의 냄비에 3과 병아리콩 통조림을 넣고 물을 넉넉하게 붓고, 약불에서 30분 정도 끓인다. 도중에 물이 줄어들면 보충한다. 소금으로 맛을 조절하고, 걸쭉한 상태가 될 때까지 끓인다.

재료(1~2인분)

고등어 통조림 1개
토마토 1개
카레 가루 1~2큰술
땅콩버터(무가당 1큰술)
다진 생강(튜브) 1개(40g)
커민(100%) 1작은술
샐러드유 1큰술
소금 적당량

만드는 법

1 토마토는 껍질째로 한입 크기로 자른다.
2 프라이팬에 샐러드유, 커민을 넣고 약한 불에 올려 1분 정도 향이 날 때까지 볶는다.
3 토마토, 소금을 약간 넣고, 강한 중불에 올려서 수분이 잘 날아갈 수 있도록 프라이팬을 움직이면서 가열한다. 카레 가루, 땅콩버터, 다진 생강을 넣고 더욱 졸인다.
4 물기를 뺀 고등어 통조림을 넣고 소금으로 간한다. 강불에 올려 가볍게 수분을 증발시키고, 걸쭉한 상태가 될 때까지 가열한다.

돼지고기+과일

재료(만들기 쉬운 분량)

돼지고기(목살, 삼겹살 등) 300g

양파 2개

마늘 1조각

바나나 1½개

파인애플(통조림) 2매

건포도 30g

샐러드유 3큰술

카레 가루 2큰술

소금, 후추 각 적당량

만드는 법

1   돼지고기를 한입 크기로 잘라 소금을 살짝 치고, 양파는 얇게 썬다. 마늘은 으깬 다음 잘게 썬다.

2   냄비에 샐러드유를 두르고 뜨거워지면 양파, 마늘을 볶는다. 갈색이 되게끔 볶아지면 돼지고기를 넣고 물 500㎖, 소금 1½작은술을 넣어 거품을 제거하면서 20분간 끓인다.

3   바나나, 파인애플을 잘게 썰어(파인애플은 장식용으로 6~8조각을 준비) 건포도와 함께 2의 냄비에 넣고 카레 가루도 섞어서 10분 정도 끓인다. 소금으로 간하고, 후추를 듬뿍 뿌린다. 걸쭉한 상태가 될 때까지 바짝 졸인다. 장식용 파인애플을 얹는다.

해산물+죽순

재료(만들기 쉬운 분량)

바지락(해감한 것) 1팩 분량

소금에 절인 대구 3토막

껍질을 깐 새우 100g

죽순(통조림) 150g

대파 1개

다진 생강 1큰술

카레 가루 ½큰술

카피르 라임의 잎 8장

파프리카 파우더 2작은술

바질 가루 ½작은술

소금, 샐러드유 각 적당량

만드는 법

1   죽순, 대파는 먹기 쉬운 크기로 자른다.

2   프라이팬에 바지락, 물 50㎖를 넣고 뚜껑을 덮은 다음 중불에 올려 바지락의 입이 열리면 바지락을 꺼내고, 바지락찜 국물도 따로 덜어둔다. 프라이팬에 샐러드유를 살짝 두르고 뜨거워지면 껍질을 깐 새우를 굽다가 색이 변하면 꺼낸다. 대구도 같은 프라이팬으로 가볍게 굽는다.

3   냄비에 샐러드유를 넉넉하게 두르고 뜨거워지면 다진 생강, 대파, 죽순을 차례로 넣고 볶는다. 소금 1작은술, 카레 가루, 파프리카 파우더, 건바질을 넣고 섞는다. 대구, 새우, 바지락, 카피르 라임의 잎을 넣고 물 100㎖, 바지락찜 국물을 넣고 뚜껑을 덮고 찌듯이 익힌다. 소금으로 간하고, 기호에 따라 바질(분량 외)로 장식한다.

양배추, 당근, 감자! 믿음직한 채소의 저력

1년 365일, 매일 아침밥을 먹지만 언제나 냉장고에 먹을 것이

가득 채워져 있는 것은 아니다. 대개 아침에 일어나서 무엇을 먹을까 망설이다가

적은 식재료를 가지고 이런저런 지혜를 짜내는 정도다.

이런 때를 대비해서 양배추, 당근, 감자, 고구마 같은 중요한 채소를

항상 준비해두면 좋다. 부엌 한쪽 구석에서 언제나 대기하고 있는

상비 채소가 없다면 나는 아침 수프를 계속 만들지 못했을 것이다.

그동안 얼마나 많은 종류의 양배추, 당근, 감자류의 수프를 만들어 왔을까?

정통 수프는 물론, 양배추의 경우에는 구워서 수프를 만들기도 했다.

당근에 오렌지를 넣거나, 감자를 잘게 썰어서 수프를 만든 경우도 있었다.

상비 채소를 주재료로 한 수프의 레퍼토리도 다양하게 늘어나고,

흔해 빠진 것이라고 생각했던 채소들이 의외의 색다른 맛을 냈다.

눈에 잘 띄지 않으면서도 부엌의 주인이기도 한 상비 채소의 색다른 모습을 찾아보자.

양배추의 화려한 변신

궁합이 잘 맞는
양배추 브로콜리 수프

양배추와 브로콜리는 궁합이 잘 맞는다. 두 가지 모두 단맛을 내는 채소로 달콤한 맛이 당기는 겨울에 올리브유와 소금만으로 맛있게 먹을 수 있다.

부드럽게 완성된
양배추 포타주

양배추로 부드럽게 완성된 달콤한 포타주를 만들었다. 깨소금을 넣어서 무친 양배추로 토핑을 했다. 은근히 고소한 가루차 맛이 난다.

양배추만 넣은 테린
양배추 콘소메

틀에 넣어 찐 양배추를 콘소메에 넣은 테린 terrine 수프다. 손이 많이 가는 것처럼 보이지만 양배추 잎을 겹치기만 하면 되기 때문에 생각보다 간단하다.

베이컨을 곁들인,
사보이 양배추 수프

주름진 잎이 특징인 사보이 양배추는 잎맥에 수포가 배어들어 찜요리에 적합하다. 베이컨의 감칠맛이 수프에 우러난다.

속을 꽉 채운
양배추롤

토마토 맛이 나는 양배추롤은 굉장히 인기 있는 메뉴다. 단단히 감아서 냄비에 빈틈없이 꽉 채워 넣는 것이 요령이다.

새콤하고 매콤한 매혹의 맛
산라탕 스타일 양배추 수프

채썰기한 양배추를 식초와 고추기름을 이용해서 산라탕酸辣湯 식으로 마무리한 수프다. 입속에서 부피가 커지기 쉬우므로 양배추를 재빨리 먹는 것이 좋다.

삼겹살이 씹히는
양배추 카레 포토푀

잘 구워진 소금 절임 돼지삼겹살과 양배추로 맛이 강한 카레 찜을 만들었다.

벚꽃새우로 봄을 느끼는
양배추 밀크수프

푸른색 양배추와 핑크색 벚꽃 새우를 조합한 아름다운 봄의 콤비네이션 같은 수프. 우유를 넣어 부드럽게 만들었다.

★자세한 레시피는 140~141p에서 소개한다.

당근, 너에게 이런 모습이!

솔직한 당근의 모습 그대로
당근 소금 수프

당근에 올리브유를 넣어 푹 삶은 다음, 물을 넣기만 한 글라세(glacé, 재료를 설탕이나 버터에 입혀 광택이 나게 하는 조리방법–옮긴이) 수프. 동그란 당근의 단면이 귀여운 비주얼을 자랑한다.

동글동글 귀여운
당근 병아리콩 수프

귀여운 병아리콩과 어울리게, 당근도 작고 동그랗게 자른다. 동글동글한 두 가지 재료가 동시에 입속으로 들어오는 재미가 있다.

상큼하게
당근 오렌지 수프

색깔이 같은 두 가지 소재가 만났다. 당근의 달콤함과 오렌지의 신맛이 만나 신선하고 맛있는 수프가 된다.

참깨를 넣어 영양 듬뿍
당근 참깨 된장국

잘게 썬 당근을 넣고 참깨로 감칠맛을 더한 된장국. 당근의 색깔이 돋보일 수 있도록 흰된장을 사용한다.

새로운 모습으로 거듭난
당근 콘소메

둥글게 썰기나 채썰기와 느낌이 다른 어슷썰기
하면 당근의 맛을 가장 잘 느낄 수 있다. 익혀서
요리해도 된다.

당근과 호박을 넣은
일본식 포타주

보기만 해도 건강해질 것 같은 오렌지 빛깔은
당근의 큰 매력. 비슷한 색깔의 호박을 함께 넣
으면 더 선명한 오렌지색으로 보인다.

햇당근이 나오는 계절에는
햇당근 포타주

잎이 달린 햇당근이 있으면 곧바로 만들고 싶
어지는 일품요리. 그 싱싱함에 감사하면서 다
른 채소는 넣지 말고, 심플한 포타주를 만든다.

태양의 맛이 느껴지는
당근 살구 오렌지 포타주

당근에 건살구와 오렌지를 넣은 포타주. 해바라
기 같은 태양을 이미지로 만들었다.

★자세한 레시피는 141~142p에서 소개한다.

고마운 감자, 토란, 고구마

우유를 보글보글 끓여서 만든
감자 우유 조림 수프

감자를 넣어 우유와 베이컨으로 뭉근하게 보글
보글 끓인 수프. 네모난 감자가 무너지면서 입
속에서 사르르 녹을 때의 그 맛이란!

모든 것이 조화로운
구운 감자 수프

프라이팬에 노르스름하게 구운 감자를 일식 맛
국물에 넣었다. 수프를 약간 걸쭉하게 만들면
잘 어우러진다.

입안 가득 신선함이
허브를 넣은 감자 포타주

감자 포타주에 딜레을 듬뿍 올린다. 캉파뉴 빵
에 곁들여서 먹도록 만든 포타주다.

이것도 감자라고?
감자 검은깨 수프

슬라이서로 채썰기한 메이퀸(감자 품종의 일종—옮
긴이)을 넣은 수프에 검은깨 가루를 넣었다. 살짝
삶아서 아삭한 식감을 느낄 수 있다.

토란과 대파
포타주

토란과 대파는 오랜 세월을 살아온 부부 같아서
포타주로 어우러져도 각각 주장이 너무 강하지
않고 서로를 잘 돋보이게 한다.

매실 장아찌를 넣은
참마 맑은 장국

얇게 자른 참마의 흰색에 매실 장아찌의 빨강,
이것을 검은 그릇에 담으면 그야말로 아름다운
맑은 장국이 완성된다. 레시피는 간단하다.

자연 그대로의 가을 색
호박 당근 고구마 콘소메

껍질이 있는 그대로 고구마, 당근, 호박을 막대
썰기하여 부이용에 넣고 끓이면, 채소 맛이 달
콤해지고, 색깔이 선명하게 드러난다.

고구마와 감자를 넣은
우유 포타주

고구마와 감자를 섞은 우유 포타주. 토핑에도
이 두 가지의 재료를 작게 잘라서 올린다.

★ **자세한 레시피는 142~143p에서 소개한다.**

냉장고에서 잠자는 채소를 깨우자!
남은 채소를 몽땅 넣은 수프

냉장고 여기저기 잠들어 있는 채소를 몽땅 넣어서 수프를 만들어보자.

바쁜 아침 시간에 오히려 창조적인 수프가 탄생할지도 모른다.

냄비 요리의 계절, 겨울에는 남아도는 배추의 부드러운 속대를 넣어 수프로 만들면

좋다. 두유를 넣고 푹 끓인 두유 수프는 부드러워서 아침에 잘 어울리는 맛이다.

살짝 주름진 양배추와 당근도 잘 익히면 제대로 선명한 색을 낸다.

기운이 솟아나게 하는 비타민 컬러의 채소가 모이면 멋진 수프로 변신한다.

배추 두유 수프 밥

재료(1인분)

배추 속잎 ¼개
두유 200㎖
참기름 1큰술
소금, 고추기름, 밥 적당량

만드는 법

1. 배추 속잎은 결대로 잘게 썰어둔다. 냄비에 참기름을 두르고 뜨거워지면 연한 갈색을 띨 때까지 배추를 볶는다. 부드러워지면 두유, 물 200㎖, 소금을 큰 한꼬집 넣고 약불에서 끓인다. 두유로 천천히 끓여서 맛을 내므로, 내용물이 다소 분리되는 것은 신경 쓰지 않아도 된다.
2. 1의 수프 양이 반이 될 때까지 바짝 졸여서, 소금으로 간한다.
3. 밥을 그릇에 담아 2를 얹고 고추기름을 끼얹는다.

채소 콘소메

재료(만들기 쉬운 분량)

양배추 ¼개
당근 ½개
파프리카(노랑) ½개
부이용(134p) 500㎖
소금 적당량

만드는 법

1 양배추와 파프리카는 2cm 정방형으로 자르고, 당근은 세로로 얇게 자른 후 2cm 정방형으로 자른다.
2 양배추, 당근을 냄비에 넣고 부이용 50㎖, 소금 ½작은술을 넣고 중불에 올린다. 크기가 맞는 뚜껑을 덮고 8분 정도 끓인다. 파프리카를 넣고 다시 뚜껑을 덮고 2분간 끓인다.
3 남은 부이용을 다 붓고 살짝 끓인다. 소금으로 간한다.

통조림, 건어물로도 척척 만들어내는 서바이벌 수프

절박한 때야말로 아이디어가 가장 잘 떠오르는 법이다. 냉장고가 비어 있을 때는
통조림이나 건어물을 이용해 편안한 마음으로 즐겁게 수프를 만들어보자.

통조림 같은 가공식품에는 이미 감칠맛이 첨가되어 있다. 그 맛을 살려 집에 있는
채소와 잘 조합하기만 하면 간이 잘 맞는 수프를 만들 수 있다.

닭꼬치 통조림은 무를 넣어 소금으로 간한 수프를 만든다.

닭꼬치에서 감칠맛이 우러나와 무에 그 맛이 배어들기 때문에

따로 양념을 하지 않아도 될 정도다. 레몬즙을 끼얹으면 한층 맛을 돋운다.

토마토와 마늘을 이용해서 만드는 프랑스풍 수프에는 조미 오징어를 넣는다.

조미 오징어는 오징어를 말린 것이기 때문에 국물을 내면 해산물의 맛이

충분히 우러나온다. 아침에 먹기에도 좋고, 해장으로도 좋은 수프다.

닭꼬치 통조림과 무 수프

재료(2인분)

닭꼬치(짠맛이 나는 통조림) 1캔

무 5cm

소금, 레몬, 시치미토가라시 각 적당량

만드는 법

1 무는 1. 5cm 정방형으로 잘라 냄비에 넣는다. 물 100㎖를 넣고 중불에 올려 뚜껑을 덮고 10분간 끓인다.

2 무가 부드러워지면 닭꼬치, 물 300㎖, 소금 큰 한꼬집을 넣는다.(닭꼬치 통조림에 남은 국물도 물에 헹궈서 남기지 않고 넣는다) 다시 10분 정도 끓여서 소금으로 간한다.

3 불을 끄고 레몬을 짜서 과즙을 넣는다. 그릇에 담아 레몬을 은행잎 모양으로 잘라 장식한다. 시치미토가라시를 뿌린다.

조미 오징어와
토마토 수프

재료(2인분)

조미 오징어 15g

토마토 2개

마늘 1쪽

올리브유 2큰술

소금, 후추 각 적당량

만드는 법

1 조미 오징어가 잠길 정도로 물을 붓고 1시간 동안 담가 둔다.(시간이 없을 때는 물에 담근 채로 전자레인지에 1분간 가열한다) 토마토는 큼직하게 썰고 마늘은 으깬다.

2 토마토, 마늘, 소금 큰 한꼬집을 냄비에 넣고 올리브유를 끼얹어서 퓌레 상태가 될 때까지 끓인다.

3 조미 오징어의 국물을 2의 냄비에 넣고 조미 오징어를 가늘게 썰어 넣는다. 물을 조금씩 부어서 기호에 맞는 농도로 맞추고, 거품을 제거하면서 살짝 끓인다. 소금으로 간하고 그릇에 담아 후추를 뿌린다.

계절 따라, 절기 따라 즐기는 수프

명절이나 연중행사를 즐겁게 기다리는 이들이 많다. 같은 날, 같은 음식을 먹으며,
같은 일을 함으로써 쉽게 즐거움을 공유할 수 있기 때문이 아닐까?
일본의 명절, 절기 음식으로는 새해에 먹는 오세치보통 우엉, 연근, 토란 등을 조려
도시락 같은 통에 담아 먹는다—옮긴이, 나나쿠사가유일곱 가지 나물로 만든 죽—옮긴이,
가가미모치설날 집에 올려놓는 둥근 떡—옮긴이, 팥죽 등이 있다.
이런 음식은 대체로 평소 식탁에 잘 오르지 않는 양념으로 만드는데,
중요한 것은 달력이 알려주는 계절에 따른 몸과 음식물과의 관계다.
예를 들면 나나쿠사가유는 위장을 보호해 주고, 팥은 몸을 따뜻하게 해주기 때문에
겨울에 먹으면 좋은 음식이다. 이런 선인의 지혜를 충분히 이해한 후
자유롭게 음식에 변화를 준다면 명절 음식을 더 지혜롭게 즐길 수 있지 않을까.

서양식 일곱 가지 나물 수프

재료(2인분)

일곱 가지 나물(미나리 · 냉이 · 떡쑥 ·
별꽃 · 광대나물 · 순무 · 무 등)
부이용(134p) 400㎖
밥 1공기
올리브유 2작은술
소금, 후추 각 적당량

만드는 법

1 일곱 가지 나물 중 순무와 무는 먹기 좋은 크기로 자르고, 잎채소
는 큼직하게 썰어둔다.

2 냄비에 순무와 무를 넣는다. 물 2큰술과 소금을 큰 한꼬집 넣고
올리브유를 둘러서 중불에 올린다. 딱 맞는 뚜껑을 덮고 2~3분
간 가열한 후 부이용을 붓고 살짝 끓인다.

3 2에 밥을 넣고 소금으로 맛을 조절한다. 잎채소를 넣고 잠시 후
불을 끈 뒤 후추를 뿌린다.

알면 더 즐거워지는
수프의 기본과 레시피

수프를 맛있게 만드는 요령과 냄비

아침 요리시간을 최대한 절약하고 싶어서 이리저리 시도해보다가 발견한 방법이 있다.

채소에 물이나 기름을 약간 넣어 '찜'이나 '볶음'을 해두었다가,

먹기 직전 물이나 맛국물(134~135p)을 더 넣어 끓이는 것이다.

양파는 아침에 사용하면 냄새가 강해서 신경이 쓰이는데

미리 손질해둔 것을 쓰면 냄새를 줄일 수 있다.

찜을 하기에 적합한 냄비는 일단 딱 맞는 뚜껑이 있어야 하며,

무쇠 냄비, 다중구조로 된 두꺼운 냄비가 적합하다.

얇은 냄비는 수분이 빨리 증발하기 때문에 뿌리채소를 끓일 때

수시로 물을 더 부어줘야 하므로 적합하지 않다.

담백하고 맛있는 서양의 맛국물
인 부이용이 있으면 훨씬 알찬 식
단을 마련할 수 있다. 닭뼈 수프
를 넣어 제대로 우린 정식 부이용
이 아니라, 닭 날개 부위를 우린
약식 부이용을 이용해도 충분하
다. 양식뿐만 아니라 중식에도 활
용할 수 있다.

닭 날개 부위를 미리 데쳐 두면
비린내가 제거되고, 탁하지 않은
기본 수프를 만들 수 있다. 국물
을 낸 뒤 닭 날개 살은 수프의 건
더기로 쓰거나 바싹 튀겨서 소금,
후추를 듬뿍 뿌려 먹는다.

부이용

재료(완성분 약 600㎖)

닭 날개 6개
대파의 파란 부분 1개
소금 1½ 작은술

만드는 법

1 닭 날개에 소금 1작은술을 넣어 문지르고 1시간 정도 둔다.
2 1을 냄비에 넣고 물을 잠길 듯 말듯하게 부어서 불에 올린다. 끓
   어서 고기 색깔이 변하면 끓인 물을 버린다.
3 냄비에 2의 닭 날개, 대파의 파란 부분, 물 800㎖, 소금 ½작은
   술을 넣고 중불에 올려서 끓으면 약불로 줄인다. 거품을 제거하
   면서 40~50분간 더 끓인 뒤 소쿠리로 거른다.

시간이 없을 때 시판 콘소메로 만드는 법

부이용이 없으면 과립이나 정육면체 모양
의 콘소메를 물이나 탕에 녹여 사용해도
된다. 사용량은 제조사에서 정한 분량에
따른다. 제품에 따라 함유된 소금의 양이
다르므로 양념할 때 이런 점을 고려해서
소금을 조절해야 한다.

일본식 맛국물에도 여러 가지가 있는데, 다시마와 가다랑어포가 가장 인기 있다. 나는 평소 맛국물을 밤에 만들어 놓는 편인데, 아주 드물게 가끔은 아침 일찍 마음먹고 만들기도 한다. 큰 냄비에 다시마와 가다랑어포를 넣고 느긋한 마음으로 냄비 앞에 앉아 있곤 한다. 아직 가족들이 일어나지 않은 아침, 조용한 시간에 누구에게도 방해받지 않고 편안하게 준비할 수 있어 좋다. 그렇게 해서 만들어 낸 맛국물의 맛을 보는 것도 즐거운 일이지만, 나에게 더욱 소중한 것은 냄비 앞에서 마음을 비우고 앉아 있는 그 순간이다.

다시마와 가다랑어포로 만든 맛국물

재료(완성분 800㎖)

다시마 10g
가다랑어포 20g

만드는 법

1. 냄비에 물 1,000㎖를 계량해서 넣고 다시마를 30분 정도 담가 둔다.
2. 냄비를 불 위에 올리고, 다시마에 거품이 부글부글 생기기 시작하면 다시마를 냄비에서 꺼낸다. 국물이 끓으면 가다랑어포를 넣고 20초 후에 불을 끈다.
3. 가다랑어포가 가라앉으면 고운 체로 거른다.

다시마와 가다랑어포

다시마와 가다랑어포는 여러 가지 종류가 있는데, 우선 집에 있는 것을 사용하면 된다. 팩에 담긴 가다랑어포로는 부족하다 싶으면 중간 두께로 저민 가다랑어포를 고르면 된다.

가족의 아침을 깨우는 수프 레시피

참기름 대파 토란 수프
【24p 】

재료(2인분)
토란 5개
대파 ¼개
참기름 1큰술
소금 ⅓작은술
간장 적당량

만드는 법
1 토란은 껍질을 벗기고 약 1cm 폭으로
   자른다. 살짝 데친 후 물에 씻어서 소쿠
   리에 밭쳐 물기를 뺀다. 대파는 잘게 썰
   어둔다.
2 냄비에 참기름을 두르고 뜨거워지면 대
   파를 중불에서 2분간 볶으면서 색이 변
   하는지 살핀다.
3 토란, 물 400㎖, 소금을 넣고 토란이 부
   드러워질 때까지 끓인다. 간장으로 간한
   다.

유채향 가득한 파란 콩 수프
【24p】

재료(2인분)
파란콩(강낭콩, 완두, 누에콩 등을
합쳐서) 알맹이 200g
양파 ¼개
유채기름, 소금 각 적당량

만드는 법
1 파란 콩은 줄기나 꼭지를 제거하고, 딱
   딱한 콩깍지와 속껍질이 있으면 제거한
   다. 길면 먹기 쉬운 길이로 자른다. 양파
   는 얇게 썰어둔다.
2 냄비에 유채기름을 조금 두르고 가열한
   다음 양파를 볶는다. 양파가 부드러워지
   면 1의 콩을 넣고 물 100㎖, 소금 ½작
   은술을 넣은 다음 뚜껑을 덮어 8~10분
   동안 끓인다.
3 물 200㎖를 더 붓고 끓여서 소금으로
   간한다.

당근 호박 수프
【24p】

재료(2인분)
양파 ¼개
당근 ½개
호박 ⅓개(약 200g)
소금 적당량

만드는 법
1 양파, 당근, 호박은 얇게 썰어둔다.
   냄비에 양파, 물 1큰술을 넣고 중불에 올
   린다. 뚜껑을 덮고 1분간 끓인 후, 뚜껑
   을 열고 수분을 증발시킨다.
2 당근, 물 100㎖를 넣고 다시 뚜껑을 덮
   고 4분간 끓인다. 호박, 물 200㎖, 소금
   ½작은술을 넣고, 7분간 끓인 후 소금으
   로 간한다.

여름 채소 수프
【24p】

재료(2인분)
A ┌ 양파 ¼개
  │ 당근 4cm
  │ 컬러 피망(빨강, 노랑) 각½개
  └ 주키니 ½개
소금 적당량

만드는 법
1 A는 잘게 썰어둔다.
2 냄비에 양파, 당근, 주키니, 물 50㎖, 소
   금½작은술을 넣고 뚜껑을 덮어 중불에
   올린다. 2분간 끓인 뒤, 컬러 피망을 넣
   고 1분간 더 끓인다. 물 300㎖를 넣고
   끓인 다음 소금으로 간한다.

건버섯 무 수프
【25p】

재료(2인분)
무 6cm
건목이버섯 3g
건표고 2매
참기름, 소금 각 적당량

만드는 법
1 건표고버섯과 건목이버섯은 잠길 듯 말
   듯하게 물에 담갔다가 꺼낸다. 먹기 쉬
   운 크기로 자르고, 건표고버섯을 담갔던
   물은 물을 더 부어 300㎖로 맞춘다. 무
   는 3cm 길이로 막대썰기를 해둔다.
2 냄비에 참기름을 조금 붓고 뜨거워지면
   무, 건표고버섯을 중불에서 2분간 볶는
   다. 건목이버섯과 건표고버섯을 우려낸
   물, 소금 ½작은술을 넣고 뚜껑을 덮고
   5분간 끓인다. 무가 부드러워지면 소금
   으로 간한다.

렌틸콩 우엉 수프
【25p】

재료(2인분)
건조 렌틸콩 100g
A ┌ 우엉 ½개
  │ 양파 ¼개
  └ 마늘 1조각
올리브유 1큰술
소금, 후추 각 적당량

만드는 법
1 A는 잘게 썰어둔다.
2 냄비에 마늘, 양파, 올리브유를 넣고 중
   불에 올려 충분히 볶는다. 우엉, 건조 렌
   틸콩을 넣고 다시 볶아서 물 100㎖, 소
   금 ½작은술을 넣고 뚜껑을 덮어 3분간
   끓인다.
3 물 400㎖를 더 넣고, 렌틸콩이 부드러
   워질 때까지 끓인다. 도중에 물이 줄어
   들면 보충한다. 소금으로 간하고 후추를
   뿌린다.

돼지고기 피망 수프
【25p】

재료(2인분)
피망 3개
다진 돼지고기 60g
참기름 2작은술
녹말가루 1작은술
소금, 후추 각 적당량

만드는 법
1 피망은 잘게 썰어둔다.
2 냄비에 참기름을 조금 두르고 뜨거워지면 다진 돼지고기를 볶는다. 고기 색깔이 변하면 피망을 넣고 볶은 후 물 350㎖, 소금 ½작은술을 넣어 끓인다. 녹말은 물 1작은술에 녹인다.
3 녹말물을 냄비에 넣고 섞은 후, 소금으로 간하고 후추를 뿌린다.

●

뿌리채소 마른 멸치 수프
【25p】

재료(2인분)
┌ 연근 ½개(약 75g)
A 우엉 ½개
└ 토란 2개
마른멸치 4~5개(7g)
참기름, 간장, 후추 각 적당량

만드는 법
1 A는 얇게 썰어 물에 씻은 후 소쿠리에 밭쳐 물기를 뺀다.
2 냄비에 참기름을 조금 두르고 뜨거워지면 1을 볶은 다음, 물 400㎖와 마른멸치를 넣는다. 끓으면 불을 약하게 한 뒤 4~5분간 더 끓인다.
3 간장으로 간하고, 후추를 뿌린다. 기호에 따라 유자껍질(분량 외)로 장식한다.

●

60~61p
걸쭉하게, 부드럽게, 재료는 마음대로!
사계절 크림 수프

양배추에 치즈로 감칠맛을 낸 크림 수프
【60p】

재료(2인분)
양배추 잎 3매
양파 ¼개
박력분 1큰술
우유 50㎖
치즈 가루 1큰술
샐러드유, 소금, 후추 각 적당량

만드는 법
1 양배추 잎은 먹기 좋은 크기로 자른다. 양파는 잘게 썰어둔다.
2 냄비에 샐러드유를 조금 두르고 뜨거워지면 양파를 중불에서 1분간 볶는다. 양배추, 물 2큰술을 넣고 뚜껑을 덮고 3분간 끓인다. 박력분을 넣고 불을 약하게 해서 가루가 없어질 때까지 볶는다.
3 물 300㎖와 소금 큰 한꼬집을 넣고 5분 끓인 후 우유, 치즈 가루를 넣는다. 소금으로 간하고 후추를 뿌린다.

●

봄채소로 신선하게 만든 크림 수프
【60p】

재료(2인분)
당근 ½개
완두(알맹이) 50g
완두콩 6줄
햇감자(작은 것) 5개(200g)
박력분 2큰술
버터 10g
우유 50㎖
금, 후추 각 적당량

만드는 법
1 당근은 얇게 썰고, 햇감자는 눈이나 색이 변한 부분이 있으면 제거하여 껍질을 잘 씻어 2~4등분으로 자른다. 완두콩은 콩깍지를 제거한다.
2 냄비에 당근, 감자, 물 100㎖, 버터를 넣고 중불에 올려, 끓으면 뚜껑을 덮고 7분간 끓인다. 완두, 완두콩도 넣어서 다시 뚜껑을 덮고 3분간 끓인다. 도중에 뚜껑을 열어 물이 줄었는지 확인하고 줄었으면 보충한다.
3 박력분을 체로 쳐서 넣고 약한 불에 올려서 가루가 없어질 때까지 섞는다. 물 400㎖, 소금 ½작은술을 넣고 끓인 다음 우유를 넣는다. 소금으로 간하고 후추를 뿌린다.

토마토 크림 수프
【60p】

재료(2인분)
토마토(작은 것) 2개(200g)
양파 ¼개
얇게 썬 베이컨 2장
박력분 1큰술
우유 50㎖
올리브유, 소금, 후추 각 적당량

만드는 법
1 양파는 얇게 썰고, 토마토는 큼직하게 썰어둔다. 얇게 썬 베이컨은 3cm 폭으로 자른다.
2 냄비에 올리브유를 조금 두르고 뜨거워지면 양파를 중불에서 1분간 볶는다. 토마토, 소금 ⅓작은술을 넣고 뚜껑을 덮은 후 8분간 끓인다. 도중에 뚜껑을 열어 물이 줄었는지 확인하고 보충한다.
3 박력분을 넣고 약불에서 가루가 없어질 때까지 섞는다. 물 250㎖를 넣어 끓이고, 우유를 넣는다. 소금으로 간하고 후추를 뿌린다. 베이컨을 프라이팬에서 바삭바삭하게 구워서 띄운다.

●

돼지고기 주키니 크림 수프
【60p】

재료(2인분)
두껍게 썬 돼지 등심 1장
베이컨 20g
┌ 양배추잎 1장
│ 양파 ¼개
A 주키니 ½개
│ 당근 ⅓개
└ 셀러리 줄기 ¼개
박력분 1큰술
우유 80㎖
올리브유 1큰술
소금, 후추 각 적당량
바게트 적당량

만드는 법
1 두껍게 썬 돼지 등심은 1cm 정방형으로 자르고, 베이컨과 A는 모두 7mm 정방형으로 자른다.
2 냄비에 돼지고기와 베이컨, 올리브유를 넣고 볶은 다음, 돼지고기 색깔이 변하면 남은 1을 넣고 양파가 투명해질 때까지 볶는다. 박력분을 체쳐 넣고 약한 불로 가루가 없어질 때까지 볶는다. 물 400㎖, 소금 ⅓작은술을 넣고 5분간 끓인다.
3 우유를 넣고, 소금으로 맛을 조절하고 후추를 뿌린다. 기호에 따라 오븐 토스터에 구운 바게트를 곁들인다.

●

토란, 대파, 베이컨을 넣은
밀크 수프
【61p】

재료(2인분)
토란 6개
대파 ½개
얇게 썬 베이컨 50g
박력분 1작은술
우유 80㎖
샐러드유, 소금 각 적당량

만드는 법
1 토란은 1cm 폭으로 자르고, 물에 씻은 후 소쿠리에 바쳐 물기를 뺀다. 대파는 잘게 썰고, 얇게 썬 베이컨은 3cm 폭으로 자른다.
2 냄비에 샐러드유를 소량 두르고 뜨거워지면 대파와 베이컨을 살짝 볶는다. 박력분을 체쳐 넣고 가루가 없어질 때까지 볶는다.
3 물 300㎖, 토란, 소금 ⅓작은술을 넣고 끓으면 중불에서 8분 정도 가열한다. 우유를 넣고 살짝 끓인 다음, 소금으로 간한다.

닭 우엉 크림 수프
【61p】

재료(2인분)
닭 넓적다리살 200g
우엉 ½개
양파 ½개
박력분 1½큰술
우유 80㎖
버터 10g
소금, 후추 각 적당량

만드는 법
1 닭 넓적다리살은 한입 크기로 자르고, 소금 ½작은술을 넣어 문지른다. 우엉은 2.5cm 길이로 자르고, 양파는 얇게 썬다.
2 냄비에 버터를 넣어 뜨거워지면 중불에서 닭고기를 볶은 다음, 양파를 넣고 1분간 볶는다. 박력분을 체쳐 넣고 약불에서 가루가 없어질 때까지 볶는다. 물 400㎖와 우엉을 넣고 10~15분간 끓인다.
3 우유를 넣고, 소금으로 간하고 후추를 뿌린다.

배추와 표고버섯을 넣은
중화풍의 크림 수프
【61p】

재료(2인분)
배추 150g
표고버섯 3개
부이용 350㎖
두유 50㎖
녹말 2작은술
참기름, 소금, 후추 각 적당량

만드는 법
1 배추는 결대로 5cm 폭으로 자른 후 막 대썰기한다. 표고버섯은 얇게 썰어둔다.
2 냄비에 참기름을 조금 두르고 뜨거워지면 배추와 표고버섯을 중불에서 볶은 다음, 소금 ⅓을 넣는다. 끓기 시작한 후 5~6분간 더 끓인다. 녹말은 물 2작은술에 녹인다.
3 냄비에 두유를 넣어 데우고, 물에 녹인 녹말을 넣으면서 섞는다. 소금으로 간하고 후추를 뿌린다.

콜리플라워와 두유를 넣은 수프
【61p】

재료(2인분)
콜리플라워 ½개
대파 1개
두유 500㎖
소금 ½작은술
참기름 적당량

만드는 법
1 콜리플라워는 송이를 작게 나누고, 대파는 잘게 썬다.
2 냄비에 참기름을 조금 두르고 뜨거워지면 대파를 색깔이 변할 때까지 볶는다.
3 콜리플라워, 두유, 소금을 넣고 끓으면 약한 불에서 20분 정도, ⅔분량이 될 때까지 뭉근히 끓인다.

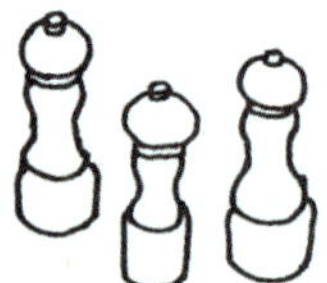

파프리카를 넣은 포타주
【90p】

재료(2인분)
파프리카(빨강, 노랑) 각 1개
양파 ½개
올리브유, 소금, 후추 각 적당량

만드는 법
1 양파는 얇게 썰고 파프리카는 약 7mm 폭으로 자른다.
2 냄비에 올리브유를 두르고 뜨거워지면 양파를 중불에서 2분간 볶은 후, 다시 파프리카를 넣고 볶는다. 물 50㎖, 소금 ⅓작은술을 넣고 뚜껑을 덮어 약한 중불에서 4~5분간 끓인다. 장식용으로 파프리카를 3~4조각으로 자른다.
3 냄비에 핸드블렌더를 넣어 돌리면서, 물을 조금씩 넣어 기호에 맞게 농도를 맞춘다. 소금으로 맛을 조절하고 후추를 뿌린다. 그릇에 담고 장식용 파프리카를 얹는다.

가지 수프
【90p】

재료(2인분)
가지 2개
양파 ½개
부이용 300㎖
올리브유 2큰술
소금, 후추 적당량

만드는 법
1 양파는 잘게 썰고, 가지는 껍질을 필러로 벗겨서 잘라둔다. 장식용으로 소량의 껍질을 소금으로 비빈다.
2 냄비에 올리브유를 두르고 뜨겁게 달군 후, 양파를 중불에서 1분간 볶고, 이어서 가지를 넣어 볶는다. 전체가 부드러워지면 부이용, 소금 ½작은술을 넣고 끓으면 3~4분간 가열한 후 소금으로 간하고 후추를 뿌린다.
3 그릇에 담고 장식용 가지 껍질을 가늘게 잘라, 젓가락으로 휘감아서 둥글게 만들어 얹는다.

홍옥 사과를 넣은 포타주
【90p】

재료(2인분)
홍옥 2개
양파 ¼개
버터 20g
소금 적당량

만드는 법
1 홍옥은 껍질을 벗겨서 부채꼴 모양으로 썰고, 장식용으로 소량의 껍질을 네모나게 썰어둔다. 양파는 얇게 썬다.
2 냄비에 버터를 넣고, 양파를 눈지 않게 2분간 볶는다. 사과를 넣고 다시 볶은 후 사과가 부드러워지면 300㎖의 물과 소금 큰 한꼬집을 넣고 15분간 끓인다.
3 핸드블렌더를 돌리면서 물을 조금씩 넣어 기호에 맞는 농도로 맞추고, 소금으로 간한다. 그릇에 담아 사과껍질로 장식한다.

일본식 감자 수프
【90p】

재료(2인분)
감자 2개
실파 5~6개
맛국물 300㎖
소금 적당량

만드는 법
1 감자는 얇게 썰어 물에 씻어서 소쿠리에 올려 물기를 뺀다. 실파는 3cm 길이로 자른다.
2 냄비에 맛국물, 감자를 넣고 약한 중불에 올려 6~7분간 끓인다. 소금으로 맛을 조절한다.
3 그릇에 끓인 감자를 먼저 담고 국물을 붓는다. 실파를 적당히 올려놓는다.

보랏빛 양배추 포타주
【91p】

재료(2인분)
보라색 양배추 ¼개
양파 ¼개
올리브유 1큰술
소금, 생크림, 파프리카 파우더 각 적당량

만드는 법
1 보라색 양배추는 큼직하게 자르고, 양파는 얇게 썰어둔다.
2 냄비에 올리브유를 두르고 뜨거워지면 양파를 볶는다. 보라색 양배추도 넣고 볶아서 부드러워지면 물 400㎖를 붓고 중불에서 6~7분간 끓인다.(너무 끓이면 색이 바래지므로 주의)
3 핸드블렌더를 돌리면서, 물을 조금씩 넣어 기호에 따라 농도를 맞춘다. 소금으로 간한다. 생크림을 끼얹고, 파프리카 파우더를 뿌린다.

비트 포타주
【91p】

재료(2인분)
비트(beet) 1개
양파 ¼개
버터 20g
소금, 후추, 사워크림 각 적당량

만드는 법
1 비트는 껍질을 벗겨서 얇게 썰고, 양파도 얇게 썰어둔다.
2 냄비에 버터, 양파를 넣고 중불에 올려 눈지 않게 2~3분 동안 양파가 부드러워질 때까지 볶는다. 비트, 물 50㎖, 소금 ½작은술을 넣어 뚜껑을 덮고 끓인다. 비트가 부드러워지면 장식용으로 2조각을 꺼내고, 냄비에 물 100㎖를 다시 붓는다. 핸드블렌더를 돌리면서 물을 조금씩 넣어 기호에 따라 농도를 맞춘다. 소금으로 간하고 후추를 뿌린다.
3 그릇에 담아 장식용 비트를 얹고, 사워크림을 스푼으로 떠서 얹는다.

아라레와 우엉을 넣은 일본식 콘소메
【91p】

재료(2인분)
우엉 ½개
부이용 400㎖
소금 ⅓작은술
간장, 아라레(일본 전통 과자—옮긴이) 각 적당량

만드는 법
1 우엉은 어슷썰기 해둔다.
2 냄비에 부이용을 넣고 불에 올린 다음, 우엉을 넣고 끓인다. 소금을 넣고 간장으로 간한다.
3 그릇에 담고 아라레를 올린다.

요구르트를 방울방울, 아보카도 포타주
【91p】

재료(2인분)
아보카도 1개
요구르트 4큰술
올리브유 1큰술
소금 적당량

만드는 법
1 아보카도는 씨와 껍질을 제거하고, 큼직하게 썰어둔다.
2 냄비에 올리브유를 두르고 뜨거워지면 아보카도를 중불에서 1~2분간 볶은 후 부드러워지면 물 200㎖, 소금 ⅓작은술을 넣고 3분간 끓인다. 요구르트 3큰술을 넣어 핸드블렌더를 돌리고, 소금으로 간한다.
3 2를 그릇에 담아 남은 요구르트를 스푼으로 조금씩 떨어뜨린다.

양배추 브로콜리 수프
【120p】

재료(2인분)
양배추잎 2매
브로콜리 ¼개(약 100g)
양파 ¼개
올리브유 1큰술
소금, 후추 각 적당량

만드는 법
1. 양배추잎은 2~3cm 정방형으로 자르고, 브로콜리는 작은 송이로 나눈 다음 심지는 얇게 썬다. 양파는 얇게 썰어둔다.
2. 냄비에 양파와 브로콜리의 심지, 올리브유를 넣고 중불에서 끓인다. 2분간 끓인 후 양배추, 브로콜리, 소금 ½작은술을 넣고 섞은 후 물 100㎖를 넣는다. 뚜껑을 덮고 약한 중불에서 6~8분간 끓인다.
3. 물 400㎖를 더 붓고, 끓으면 소금으로 간하고 후추를 뿌린다.

양배추 포타주
【120p】

재료(2인분)
양배추 ¼개
양파 ¼개
올리브유 1큰술
가루차 조금
소금, 참깨 각 적당량

만드는 법
1. 양배추는 큼직하게 썰고 양파는 얇게 썰어둔다.
2. 냄비에 올리브유를 두르고 뜨거워지면 양파를 중불에서 1분간 볶는다. 양배추를 넣어서 볶고 부드러워지면 물 100㎖, 소금 ½작은술을 넣고 뚜껑을 덮은 후 10분 정도 끓인다. 양배추는 장식용으로 소량을 준비해둔다.
3. 냄비에 물 200㎖, 가루차를 넣고 핸드 블렌더를 돌린다. 물을 조금씩 넣으면서 기호에 따라 농도를 맞추고, 소금으로 간한다. 그릇에 담아 장식용 양배추에 참깨를 섞어서 올려놓는다.

양배추 콘소메
【120p】

재료(2인분)
양배추 잎 8~10매
햄 50g
부이용 400㎖
소금 ⅓작은술

만드는 법
1. 양배추 잎은 살짝 데쳐서 넓적한 사각 트레이의 폭에 맞춰 자르고, 잎을 겹쳐서 차곡차곡 채워 넣는다. 찜통에서 10분간 찐 다음 식힌다.
2. 햄은 성글게 잘라둔다. 냄비에 부이용을 넣고 불에 올려 햄, 소금을 넣고 살짝 끓인다.
3. 1이 부서지지 않도록 잘라서, 2에 넣고 뭉근히 끓인다.

사보이 양배추 수프
【120p】

재료(2인분)
사보이 양배추 3매
베이컨 60g
부이용 400㎖
소금, 후추 각 적당량

만드는 법
1. 사보이 양배추 잎, 베이컨을 2cm 폭으로 자른다.
2. 냄비에 1, 물 50㎖, 소금 ⅓작은술을 넣고 중불에 올려 15분 정도 찐다. 도중에 뚜껑을 열어 물이 줄었는지 확인하고 줄었으면 보충한다.
3. 부이용을 넣고 살짝 끓인다. 소금으로 간하고 후추를 뿌린다.

양배추롤
【121p】

재료(만들기 쉬운 분량)
다진 고기 400g
양파 ½개
빵가루 40g
양배추 1개
토마토 통조림 1개
샐러드유, 소금, 후추 각 적당량

만드는 법
1. 양파는 잘게 썬다. 샐러드유를 살짝 둘러서 뜨거워지면 프라이팬에 양파를 볶는다. 빵가루에 물 50㎖를 스며들게 한다.
2. 다진 고기에 소금 ⅓작은술을 넣고 반죽해서 점성이 생기면 1을 넣고 섞는다.
3. 양배추는 심지의 주변을 칼로 둥글게 홈을 판다. 큰 냄비에 물을 끓여서 양배추 잎을 1장씩 벗겨내면서 데친다.
4. 3의 양배추잎에 2를 얹고, 앞쪽으로 한 번 감은 다음 좌우를 접어서 끝까지 감는다.(잎의 크기가 작으면 작은 잎을 겹쳐 사용한다)
5. 4의 마지막까지 감은 것을 밑으로 해서 냄비에 빽빽하게 가지런히 담는다. 토마토 통조림(또는 손으로 뭉개서 즙을 낸 것)을 넣고 여기에 잠길 듯 말 듯 하게 물을 붓는다. 소금으로 맛을 조절하고 후추를 뿌린다.

산라탕 스타일 양배추 수프
【121p】

재료(2인분)
양배추 ⅛개
당근 5cm
대파 ½개
참기름 1큰술
부이용 1작은술
식초 2작은술
소금, 고추기름, 참깨 각 적당량

만드는 법
1. 양배추, 당근, 대파는 각각 채썰기를 해둔다.
2. 냄비에 참기름을 두르고 뜨거워지면 1을 부드러워질 때까지 볶는다. 물 400㎖, 부이용, 소금 ½작은술을 넣고 끓인다.
3. 식초를 넣고 고추기름을 뿌리고, 소금으로 간한다. 참깨를 뿌린다.

양배추 카레 포토푀
【121p】

재료(4인분)
삼겹살(덩어리) 400g
양배추 ½개
양파 ½개
파슬리 2줄기
샐러드유 1큰술
카레 가루 1½큰술
소금, 후추 각 적당량

만드는 법
1 삼겹살은 소금 3큰술로 문지른 후 하루 두었다가 씻어서 정육면체로 자른다. 양배추는 빗모양썰기로 4등분한다. 양파는 얇게 썰어둔다.
2 프라이팬에 샐러드유를 두르고 뜨거워지면 삼겹살을 색이 변할 때까지 굽는다.
3 냄비에 양파를 깔고, 고기와 양배추를 올려놓는다. 여기에 소금 1작은술을 넣고 물을 잠길 듯 말 듯 하게 붓고 중불에 올린다. 끓으면 거품을 제거한 후 뚜껑을 덮고 약한 불에서 1시간 정도 끓인다.
4 카레 가루를 넣고 파슬리를 잘게 썰어 넣는다. 소금으로 간하고 후추를 뿌린다.

양배추 밀크 수프
【121p】

재료(2인분)
양배추 잎 2매
양파 ¼개
생벚꽃새우 30g
우유 50㎖
버터 10g
소금, 후추 각 적당량

만드는 법
1 양배추 잎은 손으로 찢는다. 양파는 얇게 썰어둔다.
2 냄비에 버터를 녹여 뜨거워지면 양파, 양배추 순서로 넣고 가볍게 볶는 다음, 물 50㎖, 소금 약간을 넣고 뚜껑을 덮어서 끓인다.
3 양배추가 부드러워지면 생벚꽃새우, 물 300㎖, 우유를 넣고 살짝 끓인다. 소금으로 맛을 조절하고 후추를 뿌린다.

당근 소금 수프
【122p】

재료(2인분)
당근 1개
올리브유 1큰술
소금 적당량

만드는 법
1 당근은 8mm 두께로 원통형으로 썬다.
2 냄비에 당근, 올리브유, 소금 ½작은술, 물 100㎖를 넣고 중불에 올려 뚜껑을 덮고 10~15분간 끓인다. 중간에 뚜껑을 열어 물이 줄었는지 확인하고 줄었으면 보충한다.
3 당근이 부드러워지면 물 250㎖를 더 넣고 소금으로 간한다.

당근 병아리콩 수프
【122p】

재료(2인분)
당근 ½개
양파 ¼개
병아리콩 통조림 150g
올리브유, 소금, 커민 가루 각 적당량

만드는 법
1 당근은 1cm 정방형으로 자르고, 양파는 잘게 썰어둔다.
2 냄비에 소량의 올리브유를 두르고 뜨거워지면 양파를 중불에서 1분간 볶는다. 당근을 넣고 섞은 다음 물 50㎖, 소금 ½작은술을 넣고 뚜껑을 덮고 3분간 끓인다.
3 병아리콩 통조림, 물 500㎖를 넣고 15분간 끓인다. 소금으로 간하고 커민을 뿌린다.

당근 오렌지 수프
【122p】

재료(2인분)
당근 1개
오렌지 1개
소금 ⅓작은술

만드는 법
1 당근은 4cm 길이의 막대썰기를 해둔다.(껍질과 꼭지도 제거한다) 오렌지는 절반을 과즙을 짜서 1큰술을 계량하고, 나머지는 얇은 껍질까지 벗겨서 과육을 추출한다.
2 당근은 껍질과 꼭지를 함께 냄비에 넣고 물 50㎖를 넣고 중불에 올린다. 끓으면 불을 약하게 조절해서 당근이 짙은 색깔로 바뀌면 껍질과 꼭지를 제거하고, 물 300㎖를 붓고 소금을 넣는다. 오렌지 과육과 오렌지 과즙을 넣고 살짝 끓인다.

당근 참깨 된장국
【122p】

재료(2인분)
당근(작은 것) 1개
맛국물 400㎖
백된장 2큰술
참깨 조금

만드는 법
1 당근은 4cm 길이에, 성냥개비 정도의 굵기로 자른다.
2 냄비에 맛국물을 넣고 불에 올려 당근을 넣고 끓인다.
3 흰된장을 풀어 넣고 참깨를 뿌린다. 참깨를 가루로 뿌려 넣어도 맛있다.

당근 콘소메
【123p】

재료(2인분)
당근 1개
양파 ¼개
샐러드유 1큰술
부이용 400㎖
소금 적당량

만드는 법
1 당근은 세로로 4등분으로 잘라서 어슷썰기 한다. 양파는 얇게 썰어둔다.
2 냄비에 샐러드유를 두르고 뜨거워지면 양파를 중불에서 1분간 볶은 다음, 당근을 넣고 섞는다. 부이용 100㎖를 넣고 뚜껑을 덮어 10~12분간 끓인다.
3 남은 부이용을 넣고 소금으로 간한다.

당근과 호박을 넣은 일본식 포타주
【123p】

재료(2인분)
호박 ⅓개(약 200g)
당근 ½개
맛국물 300㎖
간장 2작은술
소금, 참깨 각 적당량

만드는 법
1 호박, 당근은 껍질을 벗기고 얇게 썰어 둔다.
2 냄비에 호박, 당근, 맛국물 200㎖, 소금 큰 한꼬집을 넣고 뚜껑을 덮어서 당근이 부드러워질 때까지 끓인다. 맛국물 100㎖를 더 넣고 핸드블렌더를 돌린다.
3 간장을 넣고 그릇에 담아 참깨를 뿌린다.

●

햇당근 포타주
【123p】

재료(2~3인분)
당근 2개
올리브유 2큰술
소금 적당량

만드는 법
1 당근은 7mm로 얇게 썰어둔다.
2 냄비에 올리브유를 두르고 뜨거워지면 당근을 중불에서 10분 정도 볶는다.(도중에 눌면 물을 조금 붓는다) 물 200㎖와 소금 ½작은술을 넣고 뚜껑을 덮어서 10분 정도 끓인다. 물을 200㎖ 더 붓고 핸드블렌더를 돌린다. 물을 조금씩 넣으면서 기호에 맞게 농도를 맞추고 소금으로 맛을 조절한다. 그릇에 담아 기호에 따라 당근잎(분량 외)으로 장식한다.

●

당근 살구 오렌지 포타주
【123p】

재료(2~3인분)
당근 2개
건살구 3개
오렌지 1개
버터 10g
꿀 1큰술

만드는 법
1 건살구는 3큰술의 미지근한 물에 담갔다가 꺼내고, 당근은 한입 크기로 자른다. 오렌지는 장식용으로 과육을 조금 남겨놓고, 나머지는 과즙을 짜서 2큰술 계량해둔다.
2 당근, 건살구는 찜통에서 15분 정도 찐 다음, 냄비에 넣어 물 100㎖를 넣고 핸드블렌더를 돌린다.
3 버터, 꿀, 오렌지를 넣고 섞은 다음 물을 조금씩 넣으면서 기호에 따라 농도를 조절한다. 그릇에 담아 오렌지 과육으로 장식한다.

124~125p
상비 채소 3. 고마운 감자류

감자 우유 조림 수프
【124p】

재료(2인분)
감자 2개
양파 ¼개
햄 30g
우유 100㎖
버터 10g
소금 ⅓작은술
후추 적당량

만드는 법
1 감자는 반으로 나눠서 8mm~1cm 두께로 자른다. 양파는 얇게 썰고, 햄은 약 5mm 정방형으로 자른다.
2 냄비에 양파, 물 1큰술을 넣고 중불에 올린다. 뚜껑을 덮고 1분 정도 끓인 후, 뚜껑을 열어 수분을 증발시킨다.
3 감자, 햄, 버터, 물 100㎖, 우유, 소금을 넣고 끓으면 불을 약하게 조절해서 넘치지 않도록 한다. 감자가 부드러워질 때까지 8분 정도 끓인 뒤 후추를 뿌린다.

●

구운 감자 수프
【124p】

재료(만들기 쉬운 분량)
감자 2개
맛국물 300㎖
올리브유 1큰술
녹말 ½작은술
간장, 파드득나물 각 적당량

만드는 법
1 감자는 싹이나 변색 부분이 있으면 제거하고, 껍질을 잘 씻어서 8mm 두께로 자른다.
2 프라이팬에 올리브유를 두르고 뜨거워지면 감자의 양면이 색이 변할 때까지 약한 불에서 굽는다. 녹말은 물 ½작은술에 푼다.
3 냄비에 맛국물을 넣고 중불에 올려 감자를 넣은 다음, 끓으면 8분 정도 가열한다. 간장으로 맛을 조절하고, 물에 녹인 녹말을 넣으면서 섞는다. 파드득나물을 성글게 잘라서 올려놓는다.

●

허브를 넣은 감자 포타주
【124p】

재료(2인분)
감자 2개
대파 ½개
우유 100㎖
올리브유 1큰술
딜, 소금, 후추 적당량

만드는 법
1 감자는 8mm 두께로 잘라서 물에 씻은 뒤 소쿠리에 바쳐 물기를 뺀다. 대파는 잘게 썬다.
2 냄비에 올리브유를 두르고 뜨거워지면 대파를 눋지 않도록 볶다가 감자를 넣고 다시 볶는다. 물 200㎖를 넣고 뚜껑을 덮고 끓인다.
3 감자가 부드러워지면 딜 잎 10g을 넣고, 핸드블렌더를 돌린다. 우유를 조금씩 넣어 섞으면서 소금으로 간하고 후추를 뿌린다. 그릇에 담고 딜 잎을 올려 장식한다.

●

감자 검은깨 수프
【124p】

재료(2인분)
감자 2개
검은깨 가루 1큰술
맛국물 400㎖
소금 ⅓작은술
간장 적당량

만드는 법
1 감자는 채썰기를 해서 물에 씻은 후 소쿠리에 밭쳐 물기를 뺀다.
2 냄비에 맛국물을 넣고 중불에 올려 소금을 넣는다. 끓으면 감자를 넣고 2분 정도 살짝 끓인다.
3 검은깨 가루를 넣고 간장으로 간한다.

토란과 대파를 넣은 포타주
【125p】

재료(2인분)
감자 6개
대파 1개
버터 20g
소금 ½작은술
염장다시마 적당량

만드는 법
1 토란은 7mm 두께로 얇게 썰고, 물에 씻은 후 소쿠리에 바쳐 물기를 뺀다. 대파는 송송 썬다.
2 냄비에 버터, 대파를 넣고 약한 불에 올려 눈지 않도록 볶는다. 토란을 넣고 섞은 다음 물 200㎖, 소금을 넣고 뚜껑을 덮은 후 10분 정도 끓인다. 토란이 부드러워지면 핸드블렌더를 돌린다.
3 살짝 끓이면서 물을 조금씩 넣어 기호에 따라 농도를 맞춘다. 그릇에 담아 염장다시마를 띄운다.

매실 장아찌를 넣은 참마 맑은 장국
【125p】

재료(2인분)
참마 5cm
매실 장아찌 2개
맛국물 400㎖
소금 ⅓작은술
무순 적당량

만드는 법
1 참마는 껍질을 벗겨 얇게 썰어둔다.
2 맛국물, 매실 장아찌를 냄비에 넣고 중불에 올린다. 참마, 소금을 넣고 약한 불에서 5분 정도 끓인다.
3 2를 그릇에 담고, 뿌리를 자른 무순을 얹는다.

호박 당근 고구마 콘소메
【125p】

재료(2인분)
호박 ⅓개(200g)
당근 ½개(200g)
고구마 ½개(150g)
부이용 400㎖
소금 적당량

만드는 법
1 호박, 고구마는 껍질이 붙어 있는 채로, 당근은 껍질을 벗기고 4cm 길이로 두꺼운 막대썰기를 해둔다.
2 냄비에 당근, 부이용 50㎖, 소금 ½작은술을 넣고 뚜껑을 덮어 5분 정도 끓인다. 고구마, 호박을 넣고 다시 뚜껑을 덮어서 10분 정도 끓인다.
3 남은 부이용을 넣고 살짝 끓인 다음, 소금으로 간한다.

고구마와 감자를 넣은 우유 포타주
【125p】

재료(2인분)
고구마 ⅔개(200g)
감자 1개
대파 ½개
우유 100㎖
샐러드유, 소금 각 적당량

만드는 법
1 고구마는 껍질이 붙어 있는 채로, 감자는 껍질을 벗겨서, 장식용으로 5mm 두께로 원통형썰기를 해서 1매씩 만들어둔다. 남은 고구마는 껍질을 벗겨서 남은 감자와 함께 얇게 썬다. 대파는 송송 썬다.
2 냄비에 샐러드유를 두르고 뜨거워지면 대파를 색깔이 나지 않도록 볶고, 얇게 썬 고구마와 감자를 넣고 다시 볶는다. 물 300㎖, 소금 ½작은술을 넣고 뚜껑을 덮어 10분간 끓인다. 핸드블렌더를 돌려서 우유를 넣고 살짝 끓인 다음, 소금으로 간한다.
3 장식용 감자, 고구마는 5mm로 잘라 전자레인지에서 1분 정도 가열하고, 2를 그릇에 담아 장식용을 올려놓는다.

마치며

큰 냄비에 건더기가 넉넉하게 담겨져 있는 수프가 보인다. 사진 속의 수프처럼 채소가 듬뿍 들어간 화려한 수프 같은 재미있는 책이 드디어 완성되었다. 요리사가 아닌 내가 요리책을 내겠다고 하니 정말 많은 분이 도움을 주었다. 디자인이라고 하면 내 머릿속에 가장 먼저 떠올랐던 사이토 유스케 씨가 책의 디자인을 맡았다. 그리고 내 멋대로 주문해도 사진을 멋있게 찍어 준 가가와 나오 씨, 나보다 어린데 언니 같은 친절함과 강인함으로 함께 고생을 해준 편집자 다노우에 리카코 씨, 수프 연구소 등 나의 수프 만들기 활동을 계속 지원해준 사카타 카쓰미 씨, 이렇게 네 분이 이 책을 만드는 데 특히 많은 도움을 주었다.

독자 여러분을 초대해서 수프 모임을 가져보고 싶다는 생각을 해본다. 금방 만든 수프를 나눠주면서 감사의 마음을 전하고, 수프 냄비가 없어질 때까지 즐겁게 이야기를 나누고 싶다.

가족을 위해서는 작은 냄비에, 이웃을 위해서는 큰 냄비에 따뜻한 수프를 듬뿍 만들어 함께 할 수 있는 시간을 가지고 싶다. 사람들과 정을 나누며 함께 식탁에 둘러앉아 수프를 나눠 먹을 수 있다면 그것이 바로 행복이 아닐까. 이 책이 그런 작은 행복에 조금이라도 도움이 된다면 나로서는 정말 큰 기쁨일 것이다.

◇ 당신은 언제나 옳습니다. 그대의 삶을 응원합니다. – **라의눈 출판그룹**

초판 1쇄 | 2016년 12월 16일

지은이 | 아리가 가오루
옮긴이 | 박유미

펴낸이 | 설응도
펴낸곳 | 라의눈

주간 | 안은주
편집장 | 김지현
편집팀장 | 최현숙
기획위원 | 성장현
마케팅 | 최제환
경영지원 | 설효섭
디자인 | Kewpiedoll Design

출판등록 | 2014년 1월 13일(제2014-000011호)
주소 | 서울시 서초중앙로 29길(반포동) 낙강빌딩 2층
전화번호 | 02-466-1283
팩스번호 | 02-466-1301
전자우편 | eyeofrabooks@gmail.com

이 책의 저작권은 저자와 출판사에 있습니다.
서면에 의한 저자와 출판사의 허락 없이 책의 전부 또는 일부 내용을 사용할 수 없습니다.

ISBN : 979-11-86039-69-4 13590

＊ 잘못 만들어진 책은 구입처나 본사에서 교환해 드립니다.
＊ 책값은 뒤표지에 있습니다.
＊ 라의눈에서는 독자 여러분의 소중한 아이디어와 원고 투고를 기다리고 있습니다.